铁皮石斛高效栽培新技术

龙海洲　编著

西北农林科技大学出版社
Northwest A&F University Press
·杨凌·

图书在版编目（CIP）数据

铁皮石斛高效栽培新技术 / 龙海洲编著. -- 杨凌：西北农林科技大学出版社, 2023.12
ISBN 978-7-5683-1371-1

Ⅰ. ①铁… Ⅱ. ①龙… Ⅲ. ①石斛—栽培技术 Ⅳ. ①S567.23

中国国家版本馆CIP数据核字(2024)第023124号

铁皮石斛高效栽培新技术
龙海洲　编著

出版发行	西北农林科技大学出版社		
地　　址	陕西杨凌杨武路3号	邮　编	712100
电　　话	总编室：029-87093195	发行部：029-87093302	
电子邮箱	press0809@163.com		
印　　刷	陕西森奥印务有限公司		
版　　次	2023年12月第1版		
印　　次	2024年6月第1次印刷		
开　　本	850 mm × 1168 mm　1/32		
印　　张	5.375		
字　　数	122千字		

ISBN 978-7-5683-1371-1

定价：28.00元

前言

铁皮石斛属常用名贵药材之一，为“九大仙草”之首，具有很高的药用价值，既能治病，又能养生，还能提高人体免疫力，达到延年益寿的效果。与此同时，铁皮石斛还可以美化环境，是很好的观赏植物。因此，研究铁皮石斛的栽培技术对开发医药产业、助力人民身体健康具有重要的意义。

目前，铁皮石斛野生资源极少，几乎灭绝，而人工仿野生栽培铁皮石斛的技术获得成功且已形成规模。为了探索铁皮石斛是否适应秦岭以北及周边地区的环境条件，作者对其进行了人工仿野生栽培，分别从云南、贵州、福建、江西、浙江、安徽六省引进铁皮石斛，在陕西杨凌历经7年（2014—2020年）时间进行栽培试验，通过实地考察和学习前人经验，试种终于获得成功。实践证明，铁皮石斛可以在秦岭以北地区种植。

作者通过实践，首次揭示和发现了铁皮石斛“休眠期”的奥秘及其生长发育规律。研究认为，铁皮石斛的“休眠期”，可分为“生理休眠期”和“假休眠期”（即因环境温度影响而休眠）。当铁皮石斛“生理休眠期”结束时，本应开始生长发育，但因环境条件（温度）影响而又继续休眠，称之为“假休眠期”。这纠正了长期以来，人们将铁皮石斛由停止生长（10

月上旬）到来年春季（5月上旬）发芽生长之前，统称为铁皮石斛“休眠期”的误解。人们掌握了铁皮石斛“生理休眠期”的时间，创造加温条件（20～24℃，大棚或温室内），使铁皮石斛不再经历“假休眠期”或者缩短假休眠期时间而开始生长发育，自然地延长了其生育期。这一奥秘的揭示和生长规律的发现，对于指导和发展铁皮石斛生产、提高产量和增加经济收入都有着重要的意义。

其次，作者在2023年人工仿野生半自然栽培铁皮石斛的过程中，发现了“坐苗”现象。即铁皮石斛在正常生长发育阶段，突遇数日气温下降为7～15℃（此时阳台内气温15℃），而后气温又回升到正常气温（25℃）时，铁皮石斛茎顶生长点不再继续生长。这一现象对铁皮石斛的生长和产量影响极大，有待在生产中进一步探索，为保证铁皮石斛正常生长和减少经济损失提供科学依据。

作者通过实践，在前人栽培铁皮石斛方法的基础上，实现了“五个创新”：一是栽培技术的创新，即在大棚或温室内探索出了立体式、立柱式栽培方法，既充分利用了空间，增加了栽培容积，又增加了经济收入；二是对基质处理的创新，即利用牛、羊、猪粪等有机农家肥，用水浸泡沤制发酵数日的液体肥，按一定比例加水并加入灭菌、杀虫剂，一起浸泡处理基质，基质吸收肥液有利于铁皮石斛根系吸收而不断“奶”；三是林木树干立柱式栽培创新，探索出了借助林木树干做立柱体栽培铁皮石斛的技术；四是基质资源开发利用创新，探索和开发了基质利用新途径；五是追施方法的创新，利用腐熟农家有机肥在水中浸泡（加入灭菌剂和杀虫剂），依据铁皮石斛苗的大小、生长年限、不同生育阶段取原液，按一定比例兑水追施。同时，通过栽培实践，从六省引进的铁皮石斛资源中，选育出了茎基部滋生苗多、生长势强、丰产、抗性较好的新株系，为选育新品系（品种）奠定了基础。

铁皮石斛栽培试种的成功，为山区和贫困地区人民致富奔小康，以及在农村、城镇居民、退休职工家中引种试种，以此自我保健强身，增加经济收入等方面探索出了新的途径。铁皮石斛不仅能在山区栽植，而且在平原地区，农村房前屋后，城镇居民居住的阳台、庭院等空间均可栽植。只要满足铁皮石斛需求的自然生态环境条件，人工仿野生创造条件均能获得成功。

本书是作者历经7年从事铁皮石斛栽培实践取得的一些初步经验的总结，又参考了前人经验和有关文献资料编写而成。在此，对有关作者以及杨凌示范区老年科教协会侯宝英、吴鹏娟，西北农林科技大学离退休处相关工作人员和西北农林科技大学出版社邵崇斌，以及在本书写作过程中，胡俊英给予诸多的支持与帮助，在此一并表示衷心的感谢。

由于本人从事铁皮石斛人工仿野生栽培技术方面研究时间短，特别是受条件限制，在研究的广度和深度方面仍需拓展，尚待今后进一步摸索，为更好地发展铁皮石斛这一产业、指导其生产提供依据。书中有不足之处，还望同行专家和广大读者批评指正！

龙海洲

2023年10月1日

目 录

CONTENTS

第一章

概　述

石斛属（*Dendrobium*）为兰科（Orchidaceae）兰亚科（Subfam Orchidaceae）多年附生草本植物。全世界兰科植物约500属、1 000多种，分布于亚洲至大洋洲地区，尤以喜马拉雅地区、马来半岛、新几内亚、澳大利亚以及西太平洋群岛种植最为丰富。石斛属植物广泛分布于热带、南亚热带、中西亚热带地区的印度、尼泊尔、缅甸、马来西亚、印度尼西亚、菲律宾、斯里兰卡、老挝、泰国、孟加拉国、中国等地。

我国有记录的石斛属植物约近百种，民间常用的有30余种，供药用的有20余种。主要分布于秦岭以南、长江流域及其江南各省区，云南、贵州、广东、广西、福建、海南、台湾、江西、湖南、湖北、重庆、四川、西藏、河南、安徽、陕西、甘肃东南部，尤以云南南部最为丰富。其种类主要有铁皮石斛（*Dendrobium officinale*）、马鞭石斛（*Dendrobium nobile*，又名流苏石斛）、环草石斛（*Dendrobium lodigesii*）、黄草石斛（*Dendrobium chrysanthum*，又名束花石斛）、细叶石斛（*Dendrobium hancockii*）、聚石斛（*Dendrobium lindleyi*，又名鸡骨石斛）、霍山石斛（*Dendrobium huoshanense*）、武康铜皮石斛（*Dendrobium crispulum*）、白花铜皮石斛（*Dendrobium *moniliforme*，又名细茎石斛）、齿瓣石斛（*Dendrobium devonianum*）、竹叶石斛（*Dendrobium bamboos*）、高山石斛（*Dendrobium infundibulum*）、金耳石斛（*Dendrobium hookerianum*）、钩状石斛（*Dendrobium aduncum*）、短棒石斛（*Dendrobium cipillipes*）、密花石斛（*Dendrobium densiflorum*）、桑鞘石斛（*Dendrobium denneanum*）、曲茎石斛（*Dendrobium flexicauie*）、棒节石斛（*Dendrobium findlaynum*）、重唇石斛（*Dendrobium hercoglossum*）、美花石斛（*Dendrobium loddigesii*）、罗河石斛（*Dendrobium river*）、黑毛石斛（*Dendrobium nigro*）、大花石斛（*Dendrobium macrofloarum*）等近70余种，而以铁皮石斛、霍山石斛入药质优，效果佳。

石斛大多数分布于北纬15.3°3″～25°12″之间，向北种类逐渐减少。但近年来通过引种试种，人为创造条件，秦岭以北的陕西关中、山东、北京、甘肃平凉等地区试种均获得成功，一般海拔在600～2 000米之间均可种植。据阳台内观察，日平均温度在18℃以上时开始发芽，22～24℃时开始生长，生长旺盛季节温度以20～33℃为宜，当日平均气温在26～33℃时，生长最快。据从阳台、大棚内观察，6月上旬至8月上旬，每10～15天可长出一片新叶。9月下旬时，便停止生长。冬季气温不能低于0℃，应保持在5℃以上，否则易受冻害。自然分布多生长在常绿阔叶林中，年降雨量800～2 000毫米，附生在树干、石崖壁或苔藓覆盖的土壤表层上。

石斛是我国传统中药材，早在距今1400年前（神农草经）和距今400年前的（本草纲目）等古典书籍中就有记载，主要以茎入药。其成分含有生物碱、多糖、甘露糖、氨基酸等。其中石斛中含有十多种生物碱，主要有石斛碱、石斛铜碱、石斛胺、石斛高碱、石斛次碱、石斛宁碱等，尤以铁皮石斛、霍山石斛含量较高。

现代药理学证实，铁皮石斛含有多种维生素，具有抗氧化、抗衰老的作用；能增强免疫力，从而达到强筋健骨、增强抗风湿的效果；可以降低血糖血脂，也是治疗糖尿病的专用药材；还具有养阴养胃，清热生津、滋阴养血、补肾明目的功效。因此，以铁皮石斛为主要成分的药剂有抗肿瘤，抗衰老，增强免疫力，抗白内障，保护视力，助消化，增强记忆力，护肝利胆，抗风湿，滋养肌肤等功能。

由于铁皮石斛用途广，疗效显著，故称其为中华“九大仙草”之首，在国际药用植物界它还有“大熊猫”的美称，古代民间称其为“救命仙草”，现代人称其为“中华仙草之最”和“健康软黄金”。

铁皮石斛原生长在山野的石崖壁上，由于人们对它的需求量逐年增加，供不应求，导致野生铁皮石斛几乎绝种。近年来，人们对铁皮石斛在人工仿野生半自然生态条件下进行栽培取得成功。如浙江天皇野生植物有限公司，云南、贵州、湖南、安徽、广东、广西、福建等省都进行了人工仿野生半自然条件下规范化种植。因此，开展铁皮石斛人工仿野生半自然生态条件下栽培，可以为制药业市场、出口奠定基础，提供物质保障。

第二章

发展铁皮石斛生产的重要意义

一、铁皮石斛对人体的作用

1. 滋养阴虚

人体阴液不足，会出现精神萎靡，面色无光，眼干神滞，腰膝酸软，头晕乏力，口干舌燥，咽喉疼痛，大便秘结等症状。铁皮石斛是养阴的重要药材，可以从根本上解决人体阴液不足的问题。

2. 提高人体免疫力，增强体质

铁皮石斛有补肾积精、益气的功效。因其本身含有丰富的多糖类物质，具有增强人体免疫功能和良好的抗疲劳、耐缺氧的作用。

3. 补益健脾，促进消化

铁皮石斛被称为“肠胃药”，是治疗胃脘痛、上腹胀痛的常用药。对治疗萎缩性胃炎、浅表性胃炎、十二指肠溃疡等病症很有疗效。它还可以促进胃液分泌，增强胃的排空能力，帮助消化。

4. 护肝利胆

铁皮石斛有较好的利胆以及滋养肝阴的作用，是治疗各种肝胆病的重要药材。可以治疗肝炎、胆囊炎、胆结石等肝胆疾病。

5. 强筋健骨，抗风湿

铁皮石斛能滋养阴液、润滑关节，从而达到强筋健骨，流利关节，增强抗风湿能力的效果。

6. 降低血糖、血脂

铁皮石斛自古以来是治疗糖尿病的专用药，有显著降低血糖、使血糖正常的作用，可促进血液循环，扩张血管，降低血胆固醇和甘油三酯。

7. 抗肿瘤

铁皮石斛对肺癌、卵巢癌、白血病等恶性肿瘤的某些细胞有杀灭作用，具有较强的抗肿瘤活性，能改善肿瘤患者的症状，减轻放化疗的副作用，增强免疫力，提高生存几率，延长生存时间。

8. 保护视力

铁皮石斛具有滋阴养目的功能，是护眼的佳药。有防护老年人白内障和保护少儿视力的功能。

9. 滋养肌肤

人进入老年之后，皮肤加速老化，变黑变皱。而铁皮石斛含有黏液质，具有滋阴润燥的作用，使人体阴液充足，从而达到润肤养颜，延缓皮肤衰老的作用。

10. 抗衰老、延年益寿

《神农本草经》将铁皮石斛列为具有轻身延年的圣药。因铁皮石斛含有多种微量元素，对人体的健康具有密切的关系，对人体的抗衰老作用比一般的药物更广泛、更全面。

二、铁皮石斛同其他中药配伍的作用

铁皮石斛同其他中药配伍煎汤服，或泡酒，或制成散剂、蜜丸等服用，对很多种疾病均有较好的疗效，如腰酸、腰困、腰痛、肾虚、失眠多梦、尿频、尿急、夜尿频多、便秘、高血压、高血脂、高胆固醇、脑梗、动脉硬化、头晕、头痛、健忘、烦躁、耳聋耳鸣、眼燥目糊、糖尿病、口渴、神疲乏力、视物模糊、皮肤瘙痒、四肢麻木、记忆力衰退、胆囊炎、四肢无力、倦忌、男性功能障碍、前列腺炎、前列腺增生、欲望减退、心悸盗汗、四肢晨冷、风湿、类风湿性关节炎、椎间盘突出症、颈椎病、肩周炎、骨质增生、关节肿胀、关节屈伸不利、坐骨神经痛、神经衰弱、胸闷胸痛、呼吸困难、头晕气喘、心绞痛、心力衰弱、心肌炎、心律失常、中风偏瘫、咳嗽哮喘、慢性支气管炎、肺气肿、心慌气短、皮肤干燥、精神萎靡、脱发、枯发、自汗盗汗、面黄、牙齿松动、食欲不振、女性更年期综合征、胃胀、胃痛、肠胃不合、顽固性便秘、大便干燥、大便溏浠等。

总之，以铁皮石斛作君药，可阴阳双补，调养气血，脾胃同治，阴虚、阳虚双向调整，高调低、低调高，阴虚滋阴，阳虚平阳、不温不燥、不滋不腻，益阴非竣外，助阴非大温，功效遍布人体，诸病同治，提高免疫力，增强体质，延年益寿。

三、铁皮石斛对土壤和生态条件的重要意义

铁皮石斛常年附生于崖壁上，多与地衣、苔藓、蕨类植物附生，组成特殊群体，在自然条件下（风、雨、冻、日晒等），

使崖壁表层起到风化作用，逐步形成土壤，并在风、雨的作用下，增加腐殖质。其次，在森林环境中，通过人工仿野生半自然栽培铁皮石斛，可使生态环境不受破坏，在人群居住的地方，可利用庭院和房屋阳台种植，既可观赏，又可美化环境和净化空气，还能有助于自身保健。

四、种植铁皮石斛对群众的经济收入有重要意义

铁皮石斛同其他中药材相比种植效益较高。从目前市场来看，我国对铁皮石斛的年需求量达 1 000 多万吨，而每年的需求量又越来越大，且野生资源已近灭绝，人工栽培才刚刚起步，加之其本身药用范围广、价值高，以及产业向深度开发和出口需求量较大，因此，其产量远远满足不了市场需求。目前国内铁皮石斛鲜货每千克 1 500 ～ 2 500 元，干品铁皮石斛每千克 8 000 ～ 13 000 元，而出口铁皮石斛每千克 2 800 ～ 3 000 美元。因此，发展铁皮石斛生产对乡村振兴具有重要意义。利用当地的自然生态条件发展这一产业，对增加群众经济收入，改变山区贫穷面貌和群众自身保健都有着重要的意义。同时，铁皮石斛种植一次之后，可延续多年生长，对实现群众增收、增效、彻底解决群众脱贫而不富、富又不久的困局有一定的帮助作用。

五、铁皮石斛是药业向广度、深度开发的重要原料来源之一

随着科学技术的发展，我们采用高科技手段，可以从铁皮石斛中提取物质，制造和开发出新产品。目前我国已利用铁皮

石斛生产出石斛露、石斛精、养阴精、石斛片、石斛夜光丸、脉络宁、脉络宁注射液、脉络宁口服液、脉络宁胶囊等产品，在国内市场深受欢迎。此外，铁皮石斛除在医药上应用，还可在今后的药食两用品、保健品、饮料、化妆品等产品上进行越来越多应用。

随着人民生活水平的提高，对保健品、药食两用品的需求量将大幅度增长。特别是药食两用品，群众需求量将远远超出药用需求量。目前，其他中药材行情低下，但铁皮石斛既是药用佳品，又是药食两用品、滋补保健品，其开发前景优于其他中药材。因此，发展铁皮石斛产业，不仅能大大促进药物事业向广度、深度开发，还能促进以铁皮石斛为主要原料的药食保健品的研发，也对满足和保证人们身心健康、延年益寿有着重要意义。

六、铁皮石斛系列产品是创外汇的商品之一

铁皮石斛药物疗效好，治病范围广，深受国外消费者欢迎，其产品已名扬海外。不仅出口至日本、韩国、新加坡和东南亚地区，而且随着“一带一路”政策的实施，共建国家与我国经贸合作扩大，铁皮石斛也越来越被外国消费者所重视，西方国家对它的关注和重视也越来越多。如美国、德国、荷兰、英国、法国等国家利用铁皮石斛提取物研究其对心脑血管疾病、血脂、血糖、肿瘤和疑难病的医疗功效，他们在研究中发现铁皮石斛在抗肿瘤、抗衰老、手术恢复营养、美容养颜等方面有显著的功效。由此，铁皮石斛不仅在国内需求量逐年上升，在国外也急需从中国进口铁皮石斛。所以，发展铁皮石斛产业前景很好。

第三章

石斛种类与分布和主要石斛品种的形态特征

一、石斛种类与在我国各省和东南亚各国的分布

表 1 为石斛种类与在我国各省和东南亚各国分布情况。

表 1　石斛种类与在我国各省和东南亚各国分布

石斛名称	分布
钩状石斛	我国：湖南、贵州、云南、广西、广东、海南等；东南亚：缅甸、印度等。
桑鞘石斛	我国：贵州、云南、广西、海南等；东南亚：老挝、缅甸、泰国等。
兜春石斛	我国：贵州、云南、广西等；东南亚：缅甸、老挝、越南、马来西亚、印度等。
矮石斛	我国：云南等；东南亚：老挝、缅甸、泰国、越南、印度等。
双槽石斛	我国：云南等；东南亚：泰国等。
长苏石斛	我国：云南等；东南亚：泰国、缅甸、老挝等。
短棒石斛	我国：云南等；东南亚：缅甸、泰国、老挝、越南等。
翅萼石斛	我国：云南等；东南亚：老挝、缅甸等。
毛鞘石斛	我国：云南等；东南亚：越南、泰国等。
束花石斛（黄草石斛）	我国：贵州、云南、广西、西藏等；东南亚：老挝、缅甸等。
钱叶石斛	我国：四川、云南、台湾等；东南亚：缅甸、印度等。

续表

石斛名称	分布
长短石斛	我国：云南、西藏、广西等；东南亚：缅甸、越南等。
勐腊石斛	我国：云南等；东南亚：缅甸等。
鼓槌石斛	我国：云南等；东南亚：缅甸、泰国、老挝、越南。
草石斛	我国：云南等；东南亚：缅甸、泰国。
玫瑰石斛	我国：贵州、云南等；东南亚：老挝、缅甸、泰国等。
晶帽石斛	我国：云南、海南等；东南亚：柬埔寨、老挝、缅甸等。
重唇石斛	我国：安徽、江西、湖南、贵州、海南、云南、广东、广西、河南等；东南亚：泰国、老挝等。
密花石斛	我国：西藏、广东、广西、海南等；东南亚：缅甸、泰国等。
齿瓣石斛	我国：贵州、云南、西藏、广西等；东南亚：缅甸、泰国等。
黄花石斛	我国：贵州、浙江、云南等。
梵净石斛	我国：贵州、浙江等。
流苏石斛（马鞭石斛）	我国：贵州、云南、广西等；东南亚：缅甸、泰国、老挝等。
棒节石斛	我国：云南、湖北等；东南亚：老挝北部、缅甸等。
曲轴石斛	我国：云南、广西等；东南亚：缅甸等。
曲茎石斛	我国：河南、湖南、湖北、四川等。
杯鞘石斛	我国：云南；东南亚：缅甸等。
细叶石斛	我国：陕西、河南、甘肃、湖南、湖北、四川、贵州、云南、广西等；东南亚：越南等。
苏瓣石斛	我国：云南等；东南亚：缅甸等。
河口石斛	我国：云南等。
河南石斛	我国：河南、贵州、广西、湖南等。
疏花石斛	我国：湖南、贵州、云南、广西等；东南亚：泰国等。

续表

石斛名称	分布
夹江石斛	我国：四川等。
尖刀唇石斛	我国：云南等；东南亚：缅甸、泰国、老挝等。
金耳石斛	我国：云南、西藏等；东南亚：印度等。
霍山石斛	我国：安徽、河南、湖北等。
广东石斛	我国：云南、广东、广西、湖北、福建、湖南、四川、贵州等。
广坝石斛	我国：海南等；东南亚：泰国等。
矩唇石斛	我国：广西、台湾等。
喇叭长石斛	我国：云南、广西等；东南亚：老挝、缅甸等。
美化石斛（环草石斛）	我国：贵州、云南、广东、广西、海南等；东南亚：老挝、越南等。
罗河石斛	我国：湖南、湖北、重庆、贵州、云南、广东、广西等。
长短石斛	我国：云南、西藏、广西等；东南亚：缅甸、越南等。
细茎石斛	我国：河南、安徽、湖南、湖北、四川、重庆、广东、浙江、江西、台湾、贵州、云南、西藏、福建、广西、陕西、甘肃等；东南亚：日本、韩国、缅甸、印度等。
石斛（金钗石斛）	我国：湖北、四川、贵州、云南、西藏、台湾、广西、海南、香港等；东南亚：老挝、缅甸、泰国等。
铁皮石斛	我国：安徽、浙江、四川、云南、贵州、福建、江西、台湾、广西、湖南、湖北、陕西等。
紫瓣石斛	我国：贵州、云南等；东南亚：缅甸、泰国、老挝等。
肿节石斛	我国：云南等；东南亚：老挝、缅甸、泰国等。
报春石斛	我国：云南等；东南亚：老挝、缅甸、泰国、越南、印度等。

续表

石斛名称	分布
单葶草石斛	我国：云南、广东等；东南亚：缅甸、泰国等。
滇桂石斛	我国：云南、广西、贵州等；东南亚：越南等。
始兴石斛	我国：海南等。
华石斛	我国：海南等。
杓唇石斛	我国：云南等；东南亚：老挝、缅甸、泰国、越南、不丹、尼泊尔等。
华石斛	我国：海南等。
藏南石斛	我国：广西等。
越南石斛	我国：西藏、广西等；东南亚：泰国、越南等。
大苞鞘石斛	我国：云南等；东南亚：缅甸、泰国等。
高山石斛	我国：云南等；东南亚：缅甸、泰国等。
黑毛石斛	我国：云南、广西、海南等；东南亚：缅甸、越南等。
大花石斛	我国：四川、重庆、云南、贵州等。
西畴石斛	我国：云南等。
竹叶石斛	我国：云南等。
铁棒锤石斛	我国：湖北等。
聚石斛	我国：广东、海南、广西、云南、贵州等。
长瓜石斛	我国：台湾等。
红花石斛	我国：台湾等。
反瓣石斛	我国：云南等。
叠鞘石斛	我国：海南等。
勐海石斛	我国：云南等。
梳唇石斛	我国：云南、海南等；东南亚：缅甸、泰国等。
叉唇石斛	我国：云南等；东南亚：印度尼西亚、马来西亚、缅甸等。
具槽石斛	我国：云南等；东南亚：缅甸、泰国等。
球花石斛	我国：云南等；东南亚：老挝、缅甸、泰国等。

石斛名称	分布
翅梗石斛	我国：云南等；东南亚：缅甸、泰国等。
五色石斛	我国：云南等。
双花石斛	我国：台湾等。
竹枝石斛	我国：海南、台湾等。
小黄花石斛	我国：台湾、云南等。
剑叶石斛	我国：福建、海南、广西、云南等。
昌江石斛	我国：海南等。
刀叶石斛	我国：云南等。
海南石斛	我国：海南等。
麦斛	我国：安徽、浙江、江苏、湖南、贵州等。
武康铜皮石斛	我国：浙江等。
双斑叠鞘石斛	我国：四川等。
串珠石斛	我国：湖南、四川、台湾、广西、云南等。
黄石斛	我国：江西、台湾等。
木石斛	我国：台湾等。
燕石斛	我国：台湾等。
景洪石斛	我国：云南等。
少花石斛	我国：云南等。
针叶石斛	我国：云南等。
白花铜皮石斛	我国：广东、广西等。

由表 1 可知我国石斛共有 94 种，其分布情况为：陕西 3 个，甘肃 2 个，浙江 6 个，江西 4 个，湖北 9 个，安徽 5 个，福建 4 个，河南 5 个，广东 9 个，湖南 12 个，四川 11 个，海南 19 个，江苏 1 个，香港 1 个，重庆 3 个，西藏 9 个，台湾 14 个，贵州 24 个，广西 29 个，云南 66 个种类。

花色带红的石斛品种：红花石斛、细茎石斛、石斛、串珠石斛、钩状石斛、齿瓣石斛、紫瓣石斛、报春石斛、肿节石斛、品帽石斛、杯草石斛、大包鞘石斛、兜唇石斛、矩唇石斛、喇叭石斛、滇桂石斛、美花石斛（紫红色斑）、流苏石斛、广东石斛（淡红色）。

二、主要石斛品种的形态特征

1. 环草石斛（美花石斛）

环草石斛为多年生草本植物。茎圆柱形，直径 3 ～ 6 毫米，株高 10 ～ 35 厘米；叶肉质，短圆状披针形，顶端极尖；花单生于有叶或无叶茎上，花 2 朵，粉红色，有香气，花萼长 1.3 ～ 2.0 厘米，宽 7 ～ 8 毫米，花瓣长筒形，边缘啮蚀状，唇瓣近圆形，黄色，先端圆形，内面被短毛，边缘具流苏。花期 4—6 月。

2. 石斛（金钗石斛）

石斛为多年生草本植物。茎直立丛生，株高 30 ～ 60 厘米，肉质稍扁，黄绿色，有节，节具气生根，有槽沟；单叶互生，无柄，叶鞘抱茎，叶片草质，狭长椭圆形或近披针形，光滑无毛，叶尖具钗形缺口而称“金钗石斛”；总状花序，花瓣上常有 2 ～ 3 个条纹，白色，淡红色或紫红色。花期 4—5 月。

3. 束花石斛（黄草石斛）

束花石斛为多年生附生草本植物。茎下垂，圆柱形伸长，不分枝；叶二列多枚卵状披针形，基部具鞘；花序伞状，侧生于有叶的茎上部节上，腋生；花金黄色，有香气，唇瓣两侧各具 1 个血红色斑块，花期 9—10 月；蒴果长圆柱形。

4. 流苏石斛（马鞭石斛）

流苏石斛为多年生附生草本植物。茎通常外弯伸长，圆柱形，中部稍增粗，较坚硬，不分枝；叶二列多枚，先端极尖，有时稍二裂，基部紧抱茎于茎的革质鞘；总状花序，通常下垂，生于无叶的茎上部节上，花橙黄色，唇瓣上有一个新月形横生的暗紫红色斑块，上部密布短茸毛；花期4—6月。

5. 鼓槌石斛

鼓槌石斛为多年生附生草本植物。茎直立，纺锤形，具数节，节间具多数圆钝状条棱；叶2～3枚，生于茎上部近顶端；总状花序从茎顶端发出，下垂或斜生；花金黄色，唇瓣上有橙黄色斑块；唇盘通常呈“A”形隆起；花期3—5月。野生常见于阳光充足的常绿阔叶林树干上或疏林下岩石上。

6. 齿瓣石斛（紫皮草）

齿瓣石斛茎圆柱形，细长，老茎多为紫红色，少数绿色，由根部从下往上渐变粗，顶部渐细或纯凸；叶膜质，无叶柄，幼叶绿色夹叶脉微红色；总状花序，具1～2个花朵，花柄长3～4厘米；质地薄；萼片和花瓣白色，先端带紫色，萼片长约2.5厘米；花瓣卵圆形，与萼片长而较宽，先端极尖，边缘具短流苏；唇瓣近圆形，白色带紫色，尖端基部具短爪，两侧具紫色条纹；唇盘两侧各具1个黄色斑块，密布短毛，蕊柱白色，两侧具紫色条纹；花期4—5月。

7. 细叶石斛

细叶石斛为多年生草本植物。茎直立，质地较硬，圆柱形，有时基部上方有数个节间膨大形成纺锤形，通常分枝，具纵槽或条棱，干后呈紫黄色或橙黄色，有光泽，节间较长；叶通常3～6枚，互生于主茎和分枝的上部，狭长圆形，先端钝，并且不等2裂，基部具革质鞘，总状花序，具1～2朵花，花苞片膜质，卵形，先端极尖；花梗和子房淡黄绿色，具香气，开展，金黄色；花期5—6月。

8. 聚石斛（金黄泽、鸡背石斛、小环草）

聚石斛为多年生草本植物。茎聚生、卵状长圆形或近纺锤形，具四棱，3～4节。叶顶生。叶片革质、长圆形、先端微凹，基部具短柄；总状花序，生于上部茎节上，等于或超过叶长，具2至多数花，花苞片很小，三角形，花黄色。

9. 霍山石斛

霍山石斛茎丛生，直立，茎矮小短粗或细长，从地下至地上逐渐变细，长3～9厘米，茎暗绿或黄绿色，下部茎粗2.5～3.0厘米，具3～7节，淡黄绿色；叶片革质，2～3片，互生于茎的上部，舌状长圆形，长2～3厘米，宽0.5～0.7厘米，端纯且微凹；总状花序，出自已经落叶的茎上部，花苞片浅白色带栗色，卵形，长约3毫米，花初期淡黄绿色，后期白色，稍有香气。花期5—9月。

10. 麦斛（果上叶、一挂鱼、羊奶草）

麦斛茎丝状匍匐、硬质、处处发生丝状须根，假鳞茎小，形卵圆状，类似麦粒，常具沟皱，无柄、绿色、无毛，叶生于假鳞茎顶部生一叶，叶呈倒卵状椭圆形或倒卵形，下部狭细，绿色或黄绿色，肥厚革质，中脉凹陷，长1～2厘米；花从假鳞茎抽出，具有鳞片状鞘的短梗，较叶稍低，从梗梢叶的下方开细小白花，花径4毫米，自花受精；外花被三片，上方一片，卵圆形，短尖；侧方2片，较上方一片倍长，卵状椭圆形，内花被广椭圆开，边缘剪裂，唇瓣短小，卵形，肥厚和蕊柱基部的突起联片，蕊柱短粗，药盖丰球形，于花粉块两侧。花期夏季，夏、秋采收。全草用。民间用于虚劳咳嗽，又治风热咳嗽。

11. 武康铜皮石斛

武康铜皮石斛茎仅由6节构成，直立，高10～30厘米，节显著，略似木贼状，节间较石斛短，褐绿色乃至绿色，表面光滑；叶互生，长椭圆形乃至广线形，全缘、润滑、绿色、略呈革质，花数朵并生；总状花序，出自有叶片或无叶片的茎节上，花序稍通常一对，圆铜状。花期6—7月。

12. 白花铜皮石斛

白花铜皮石斛根细长，近根的茎蔓状、直立、茎小分枝，高10～40厘米，粗2～3毫米，节显著，略似木贼状，节间短，2～4厘米，表面光滑、顶端稍尖，呈褐绿色；叶互生，广线形乃至狭椭圆形，长3～5厘米，宽8～12毫米，革质而润滑，叶鞘膜质；花2～3朵并生，出自有叶片或无叶片的茎节上，花序鞘通常有一对，圆筒形，顶端截切或分叉，膜质；花被片较石斛整齐，长椭圆形而先端锐尖，长约3厘米，宽1厘米，外面黄绿色，里面灰白色，开后经日晒变为淡黄色，唇瓣生于蕊柱足的前端，较其他花被片略宽，喉头部有鲜绿色的斑点，蕊柱先端有二室的药，每室有两个紧密并立的花粉块，花有特殊香气；朔果，长椭圆形。花期5—6月。药用茎，秋季采收。

13. 棒棰石斛

棒棰石斛根：匍匐茎靠地面一侧长出，长约6～12厘米，从根的下部又长出侧根2～3条或数条，约2.5～6.0厘米左右。无论是主根或侧根均坚硬，难以折断，而且扎在岩石缝隙或土内，生长力特强，像小树根上的毛根一样。这同其他石斛的气生根截然不同。茎匍匐爬地面生长，长约 15 ～ 20 厘米，粗 0.3 ～ 0.5 厘米，外部紧包一层假鳞片，最后形成茎皮，呈赤红色或紫褐色，茎坚硬，更难折断。

肉质茎：匍匐茎每隔 2.0 ～ 2.5 厘米处，靠地面茎的上面会又长出一个肉质茎，即石斛（不同于其他石斛的茎）。长 2.8 ～ 3.5 厘米，直径 0.5 ～ 0.7 厘米，绿色，有纵沟槽，基部顶端略细，呈圆柱形，似木棒棰一样。基部同匍匐茎连接，软而坚实，难以折断。折断面为绿色、无味，嚼时略有黏性，有纤维丝、肉质茎，成熟时黄色。

叶：着生于肉质茎的顶端，两片叶对生，深绿色，叶柄极短。叶长 7.5 ～ 8.7 厘米，两头窄细，中间宽 0.7 厘米，叶顶部较尖，披针形，有叶脉 3 条，中间凹陷，两边叶脉突起，类似棕树才出土时的叶片。叶背面绿色，油光滑，叶片不易脱落，当肉质茎快成熟时，自然脱落，并留下一个黑圆卷痕迹。叶片均不同于其他石斛叶片。

花：由两叶片中间抽出一个花枝，长 6 ～ 8 厘米，总状花序，野生开花可以自然结果，一个分枝上开 2 朵花，椭圆形，绿色，成熟时为黄色，长 0.3 厘米，粗 0.2 厘米。7—8 月开花。9 月下旬成熟，内有种子数个，极小，果外表皮有 5 条突起棱。

14. 高山石斛

高山石斛茎节长、绿色、茎节沟槽深，叶片大。

15. 竹叶石斛

竹叶石斛茎黑褐色，下粗、上细，节间短，叶互生细、绿色、叶片细小。

三、不同地区铁皮石斛的形态特征表现

1. 不同地区铁皮石斛的形态特征

不同地区铁皮石斛的形态特征见表 2。

表 2　六省八地区铁皮石斛形态特征表现

铁皮石斛产地	茎节长/厘米	茎节粗/厘米	茎节色泽	叶形	叶色	叶片长×宽/厘米	叶片厚度	花色	抗性			生长势	品种纯度	备注
									耐湿性	抗高、光温性	抗病性（根腐病）			
云南铁皮石斛	1.56	0.50	暗紫红色、褐色	披针形、长椭圆形	绿色、新生顶叶代紫红色后变绿色	4.27×1.70	纸质厚	乳黄色花，大舌瓣红点大	耐湿性差	不耐强光高温	抗病性差	茎节特长的生长快，长势强；茎节短粗，叶椭圆形的生长稍快，长势强、健壮	不整齐，品种不纯，有茎节长和茎节短之分；叶片有披针形和椭圆形之分；茎有紫红和褐色之分	新出生叶先为紫红色，后逐渐变绿色，高腋牙多，茎基部滋生力差，出苗少

续表

铁皮石斛产地	茎节长/厘米	茎节粗/厘米	茎节色泽	叶形	叶色	叶片长×宽/厘米	叶片厚度	花色	抗性			生长势	品种纯度	备注
									耐湿性	抗高、光温性	抗病性（根腐病）			
贵州铁皮石斛	1.00	0.60	铁褐色、代紫红色	椭圆形	顶生叶初为紫红色后变成绿色	3.10×1.89	纸质厚	乳黄色花，大舌瓣红点大	较耐湿	较耐高温，不耐强光	抗病性好	生长较快，长势稍强、健壮	品种较纯、分离少，茎紫红色较一致，有光泽	新出生叶紫红色，后逐渐呈绿色，茎基部滋生力一般，出苗稍多
江西虎龙山铁皮石斛	1.70	0.14	铁褐色、代紫红色	披针形、椭圆形	绿色	3.60×1.20	纸质厚	乳黄色花，小舌瓣红点大	耐湿性好长茎差	高温灼伤，不耐强光	较抗病	茎节长的生长快，长势强，茎节短粗则生长较慢，健壮	不整齐、不纯、分离。茎节长的生长快，茎节短粗的生长慢，茎色有暗紫红色和铁褐色之分	新出生叶紫红色，后逐渐变为绿色，茎节短粗的茎基部生力稍强，易发出新苗，而茎节长的茎基部滋生力差，新出苗少

续表

铁皮石斛产地	茎节长/厘米	茎节粗/厘米	茎节色泽	叶形	叶色	叶片长×宽/厘米	叶片厚度	花色	抗性			生长势	品种纯度	备注
									耐湿性	抗高、光温性	抗病性（根腐病）			
浙江雁荡山铁皮石斛	1.60	0.50	紫红色、代褐色	椭圆形、披针形	深绿色，顶生叶先代紫红色后变红色	3.80×1.88	纸质厚	乳黄色花,大舌瓣花红点大	较耐湿	较耐高温,强光	较抗病	茎节长的生长快，长势强，茎节短粗的生长较慢，健壮	品种分离，不整齐，有长茎和短茎之分，叶片披针形和椭圆形之分，茎色不一样	新出生叶代紫红色，后逐渐呈绿色，茎基部滋生力稍差，出苗少
福建铁皮石斛	1.78	0.35	铁褐色、代紫红色	披针形	绿色	3.40×1.22	纸质稍薄	乳黄色花,大舌瓣内红点中大	耐湿性好	较耐高温,强光下叶发白	抗病	茎节长、生长快、长势强、健壮	品种较纯、较整齐、茎色、叶片一致、叶片披针形	新出生叶及生长期间，叶片均为绿色，茎基部滋生力较强，一穴可长出5~8个苗比其他稍好，说明繁殖力强

续表

铁皮石斛产地	茎节长/厘米	茎节粗/厘米	茎节色泽	叶形	叶色	叶片长×宽/厘米	叶片厚度	花色	抗性			生长势	品种纯度	备注
									耐湿性	抗高、光温性	抗病性（根腐病）			
安徽六安铁皮石斛	1.10~1.50	0.50	暗紫红褐色	长椭圆形、披针形	深绿色	4.50×1.5	纸质厚、大	乳白色花，稍小，舌瓣红点小	较耐湿	较耐高温，不耐强光	较抗病	茎节长的生长快，长势强，茎节短粗，生长稍慢、健壮	品种不纯、不整齐，有茎节长和茎节短之分，叶片有披针形和椭圆形之分，茎有暗紫红色和褐色之分	新出生叶暗紫色，叶片深绿色，茎基部滋生力稍强，易长出新苗，茎节长的单株易长出高腋芽

2. 不同地区铁皮石斛分离的类型及其表现

为了掌握各地铁皮石斛种植的品种及其特征，为引种试种提供依据，作者于2014年至2020年分别从福建、江西、安徽、浙江、云南、贵州引进铁皮石斛试种，历经7年试验观察，现就各地铁皮石斛的表现略述如下：

经观察，六省的铁皮石斛群体内，除个别地区之外，品种均不纯，差异较大。即使是同一个地区的铁皮石斛群体内，形态特征也不一样。这就说明目前生产上种植的铁皮石斛品种不纯（试种时其成分含量均未检测），若成分含量不符合国家规定的标准，则直接影响到铁皮石斛的发展和疗效，以及其出口所应达到的要求。通过七年种植观察，依据茎节粗细、长短、色泽，叶片特征、花色和花的大小、生长势，抗性、丰产性等的不同，概括出以下几种铁皮石斛类型。

（1）不同地区铁石斛分离类型

茎节粗、稍长，叶片深绿色，呈长椭圆形而大的类型：此种类型的铁皮石斛其特点是茎节粗、稍长，节和节相连处稍细，茎节平均长约1.1厘米，直径约0.6～0.8厘米，茎暗紫色，具光泽；叶长平均5.4厘米，宽约1.6厘米，叶片长呈椭圆形深绿色，质较厚，叶尖盾形，表面光滑，新出生叶呈暗紫色，后随着生长变为绿色；花大、乳黄色、花心部紫红斑块大。一般一年新生苗可长出15～25厘米，高达30厘米。生长较快，长势健壮，属于丰产型。如贵州铁皮石斛，该品种较整齐，群体内分离少，品质好（含多糖40%，甘露糖30%以上）。其次是云南、安徽、浙江铁皮石斛，群体内一部分单株属于此类型。

茎节细而长，叶片绿色、呈披针形的类型：这一类型植株其特点是茎节细而长，长约 1.5 ～ 1.8 厘米，直径约 0.4 ～ 0.5 厘米，节和节之间粗细不明显，铁褐色或略带暗紫色。随着生长逐渐呈褐色或灰白色，叶片呈披针形，长约 5.7 厘米，宽约 1.3 厘米。叶顶端较尖，绿色。新出生幼叶带暗紫色，随着生长逐渐呈绿色；花较大，乳黄或略带乳白色。这一类型铁皮石斛生长较快，一般一年可长 20 厘米以上，甚至 30 厘米左右，属丰产型。如福建铁皮石斛，稍整齐，属此类型。其次是云南、安徽、浙江、江西铁皮石斛群体中分离出的植株，属于此类型。

茎节极短粗，叶片绿色，呈椭圆形的铁皮石斛：其特点是茎节极短，茎和节之间粗细不明显，节长 0.6 ～ 1.0 厘米，粗约 0.5 厘米，暗紫红色，生长一年后表皮老化呈灰白色，茎直立；叶片极短，叶长约 1.7 ～ 2.7 厘米，宽约 1 厘米，叶片呈椭圆形、叶尖盾形、质厚、深绿色；花稍小，呈乳黄色，或乳白色。这一类型铁皮石斛生长慢，一年长 12 ～ 15 厘米。如江西、浙江雁荡山铁皮石斛群体内较多。

（2）各种类型铁皮石斛表现

抗性表现：从引进的铁皮石斛中，耐湿性较好的是福建铁皮石斛，其茎基部 1 ～ 2 节，在同样的湿度条件下，根系不易腐烂（根腐病）。其次是贵州、安徽和江西铁皮石斛，耐湿性稍好，浙江的铁皮石斛，耐湿性次之，而云南铁皮石斛耐湿性差，其茎基部 1 ～ 2 节处基质湿度大时，根系易腐烂，栽培中稍不注意就会死亡，同时也不耐高温。气温高达 35℃以上时，叶片易灼伤，甚至落叶。凡茎节细长类型耐湿性均较差，茎基部湿度大时也易死亡。此外，从群体中分离出茎节稍粗长和茎节极短，叶片呈椭圆形的铁皮石斛耐湿性较好，也较耐高温，如江西，浙江天目山、雁荡山的铁皮石斛群体中分离出来的就是此种类型。上述铁皮石斛均不耐强光照射。

品种纯度：福建、贵州铁皮石斛比较整齐，群体内分离较少，而云南、浙江、江西、安徽铁皮石斛生长不整齐，群体内分离出茎节长、叶片呈披针形和茎节短粗、叶片呈椭圆形等、茎节颜色有暗紫红色和铁褐色。总之群体中差异较大，不整齐。说明品种不纯，应重视筛选，进行提纯复壮，选育出质优，抗性好，丰产的铁皮石斛供生产上应用。

茎基部滋生力：福建铁皮石斛茎基部滋生力较强，一穴中可滋生 5 ～ 8 个新苗，不仅在春天滋生，而且在秋季依然能滋生，但因气温逐渐下降，难以长高。安徽六安铁皮石斛，一穴中可滋生 4 ～ 5 个新苗。其次是贵州的铁皮石斛，一穴中可滋生 2 ～ 4 个新苗。其他省如云南、江西、浙江的铁皮石斛，群体内分离出茎节极短粗、叶片呈椭圆形而小的铁皮石斛，一穴中可滋生 2 ～ 4 个新苗，但生长不高，单株产量低。其次如云南、江西、浙江铁皮石斛群体内分离出茎节稍短粗、叶片呈椭圆形和茎节细、叶片披针形的铁皮石斛，一穴中仅滋生 1 ～ 2 个新苗，说明茎节基部 1 ～ 2 节滋生力差，这种现象与品种和类型有直接关系。此外也与栽培技术有关，如与根系栽植深浅有关，栽植时使气生根外露少部分，则茎基部 1 ～ 2 节处在潮润环境条件下，透气性好，茎表皮易于滋生。相反，栽植过深，即气生根全部埋入基质内，由于根系长期在水渍环境条件下，透气性差，难以滋生新苗，栽植深度过深也是铁皮石斛栽培中长势弱或不易成活死亡的主要原因。

丰产性：福建、贵州铁皮石斛单株生长较快，长势强壮，部分单株一年可长 20 ～ 25 厘米，最高可达 30 厘米，属于丰产型。其次是云南、安徽、浙江铁皮石斛群体中，茎节稍短粗，叶片呈长椭圆形而大，生长较快，长势健壮，一年可长 20 ～ 25 厘米，高达 30 厘米，属于丰产型，来年茎上端或顶部易长出高腋芽和开花。此外，云南、浙江、江西、安徽铁皮石斛群体中，茎节细长，叶片呈披针形的单株生长较快，长势较强，一年可长 20 ～ 25 厘米，高达 30 厘米，也属于丰产型，但来年多数茎上端或顶部开花，长出高腋芽。从群体中分离出茎节极短，叶片呈椭圆形而小的单株，发现其生长慢，顶端开花，一年可长 10 ～ 15 厘米，来年不再往高生长。此类单株产量低，但生长健壮，抗性较好。

铁皮石斛生长年限识别：当铁皮石斛从茎基部滋生新苗，生长一年时，随着生长茎秆颜色逐渐由暗紫红色或铁褐色自下而上变成褐色或灰白色，表皮粗糙老化，无光泽，茎顶部细尖、节短。9 月下旬至 10 月上旬（温室内），不再生长，进入休眠期。来年在同样气温条件下，铁皮石斛本应在第一年生长的基础上，继续从茎顶端生长点延续往高生长，但实际上来年并不再生长，5—6 月期间只能从茎顶部 1 ～ 5 节处抽出花枝开花。由此，可从茎顶的粗细、茎节的长短、茎秆色泽、硬度、肉质和表皮沟槽以及抽出花枝（第一年生茎秆不易抽出花枝开花）等特点，方能确定出铁皮石斛的生长年限。这对引进铁皮石斛时，有很好的参考价值，以防引进老化苗。由于根系老化，栽后不易成活，滋生新生苗差，因此应引进当年新生的苗，这样不仅幼苗栽植后成活快，茎基部易滋生新苗，且生长旺盛。栽培铁皮石斛时，一般生长一年之后或第二年的秋季之前，应及时采收入药，否则来年开花消耗营养成分，影响其质量和疗效。

（3）产生不同类型的因素及其优势的利用和改进措施

六省铁皮石斛群体类型不同，其特点各异，说明当前生产上栽培的铁皮石斛品种不纯、分离、混杂、差异较大。就同一个地方的品种群体中，也是如此。究其原因，一是受自然环境条件影响；二是品种未进行提纯复壮，年复一年，延续种植造成品种混乱不纯；三是种与种之间杂交，产生变异，在没有选育的情况下，越种越乱，越种越杂；四是在引种过程中造成混杂等原因所致。若不重视提纯复壮和进行品种选育，将带来更大的混杂、质差、品种劣等不良现象的发生，直接影响到铁皮石斛的治病疗效，同时也会对人的身体健康，以及生产、出口等方面产生不利影响。

形态特征：从形态特征上看，以第一种铁皮石斛类型较好，其特点是茎节粗，稍长，叶片较大，呈长椭圆形，单株生长较快，长势健壮，产量高，较抗病。如贵州、云南、安徽六安、浙江天目山铁皮石斛群体中，分离出的就是此种类型植株。其次是茎节细长，叶片呈披针形、生长较快、长势较健壮，茎基部 1 ～ 2 节滋生力强，单株产量稍高。如福建铁皮石斛和安徽、云南、江西、浙江雁荡山铁皮石斛中分离出的就是此种类型。此外江西、浙江铁皮石斛中分离出的类型茎节极短、叶片绿色，呈椭圆形而小，茎基部较耐湿、滋生力稍强，抗病，但单株生长慢，产量低。

茎基部 1 ～ 2 节滋生力：茎基部滋生力最强的是福建铁皮石斛，一穴中可以从茎基部丛生 4 ～ 5 苗，最多可丛生 7 ～ 8 个新苗。其次是安徽六安铁皮石斛，一穴中可从茎基部滋生 4 ～ 5 个新苗。上述两地铁皮石斛不仅从春天滋生，而且于 8 月下旬仍能从基部滋生新苗，至 9 月因气温下降，生长不高，但值得从中选育出新品系。贵州铁皮石斛，一穴中可从茎基部丛生 2 ～ 4 个新苗，其他省铁皮石斛茎基部滋生力差，一穴中仅丛生 1 ～ 2 个新苗。茎节极短、叶片呈椭圆形，叶片小的铁皮石斛，茎基部滋生力稍强，一穴中可丛生 3 ～ 4 个新苗，且耐湿性好，较抗病，但单株生长慢，产量低。

进行新品种选育：根据目前生产上存在问题，一是对现有的主要栽培品种选育，凡成分含量高，达到国家标准要求的铁皮石斛，综合性状好、质优、滋生力强、抗性好（耐湿、耐高温、耐低温、耐强光、抗病），丰产性好的单株，对其重点进行提纯复壮，并在此基础上进行新品种选育；二是将上述三种不同类型的铁皮石斛，如第一种和第二种类型铁皮石斛，人工进行有性杂交，或将第一、第二种类型铁皮石斛的单株同第三种类型铁皮石斛，人工进行有性杂交，分别从后代中筛选出整齐一致，标准型、质优、滋生力强、抗性好、适应性强、丰产性好的新品种，供生产上应用。进而彻底改变目前生产上铁皮石斛品种混乱和杂劣的现状，真正达到规定要求、进行标准化生产。不符合标准的可以不繁殖、不种植、不推广、不销售。

确保药食两用安全：铁皮石斛是药食两用的最佳中药材品种之一，用途广。不仅能医治多种病症，同时提取物还可广泛用于制药，效果良好，而且又是很好的保健品、化妆品原料，出口创外汇的药物之一。铁皮石斛品质的好坏，直接关系到人的生命安全，因此，确保铁皮石斛优质、安全极为重要。

从种植源头上确保铁皮石斛的质量，即主要成分（多糖、甘露糖）含量要超过国检规定指标，无残留物。凡种植的铁皮石斛品种，应经国家指定检测单位，经过检测成分含量超过标准规定，方可种植，并扩大示范推广。凡是企业或种植农户，应从指定铁皮石斛繁殖基地，或具有检测单位证明的企业、农户处引种。市场销售铁皮石斛的单位或农户个人必须执有产品检测合格证，方才能进入市场交易。种植铁皮石斛的企业或农户，要严格把关，做到对成分含量不达标、形状不整齐的铁皮石斛不进行繁殖、种植和销售，严防以假乱真，以劣充优。医药生产部门要做到成分含量不达标的铁皮石斛不收购，不入药，不进入市场虚假宣传做广告。

总之，铁皮石斛要从种植源头上入手至销售、入药阶段都要把好关口，真正实现其质优、安全、可靠。

第四章

铁皮石斛的形态特征和生物学特性

一、形态特征

铁皮石斛为多年生附生草本植物。根为气生根，刚长出时为绿白色，后逐渐变成绿色，无根毛；植株丛生，茎直立，圆柱形。高35～46厘米，直径0.8～1.0厘米，节长2.0～2.5厘米，具节，紫褐色或铁褐色，表皮略代沟槽，节与节之间略细，代紫红色，节的中部较粗大，2～3年生的植株可在茎上部中间节处长出新芽（称高腋芽）形成新的植株，剪下栽植。茎随着生长年限，下部逐渐变成灰白色。此外，凡从茎节处抽出花枝的不易发出新芽；叶互生，光滑纸质，长椭圆状或披针形，包茎三分之一，长4～7厘米，宽1.0～1.5厘米，边缘略带紫色，叶脉三条，叶面深绿色，背面淡绿色，叶顶端纯而略钩转，俗称“歪嘴”，嫩叶或叶边缘略淡紫色或紫红色；一般2～3年生的植株的茎节处或茎顶端易长出花枝，总状花序，生于无叶的茎上端，长2～4厘米，回折状弯曲，常具2～3朵花，一般2～3年生植株开花，但也有栽后当年9—10月上旬开花，花乳黄色，或乳白色，边缘波状，长5～7厘米。花被片黄绿色，长约1.8厘米；中萼片和花瓣相似，长圆状披针形，反折，比萼片略短，不裂或不明显3裂，基部边缘内卷，先端急尖，边缘波状。唇瓣白色而在上半部具一个紫红色大斑点。花期5—6月，自花不结实，人工授粉或蜜蜂采花时帮助授粉方可结实，由绿逐变黄色，似棱形。9月左右果实成熟。

二、生物学特性

1. 对环境条件的要求

（1）光照

铁皮石斛生长在崖壁上，或林中树上及林下栽培，通常以折射光为主（阴、阳坡上午10时和下午6时之后，出现直射光）。林下或树上栽培的铁皮石斛，生长适宜光照强度透光率为40%～50%，即太阳光照射透过树叶、枝条后形成的散光。直射光会影响铁皮石斛生长或导致灼伤，反之光照不足会影响光合作用，导致茎纤细，长势弱、产量低，而且影响铁皮石斛的加工质量。据观察，凡光照较好的苗长势较强，反之则弱。但在人工仿野生半自然条件栽培的铁皮石斛，7—8月期间棚顶需遮光，6—9月期间，可根据光的强度灵活掌握。

（2）温度

铁皮石斛一般在平均气温18～20℃（4月下旬至5月上旬）时，茎基部开始萌动芽苞。当平均气温在20.0～22.5℃时，开始长叶，而平均气温在26～33℃时，生长较快。作者于2014年至2020年共7年时间在阳台观察发现，每10～15天左右芽苞可长出一片新叶，茎随着也生长。但铁皮石斛生长期间，最高气温不能超过35℃，当气温超过38℃甚至超过40℃时，铁皮石斛叶片就易萎缩，发黄，生长缓慢或停止生长。由此证明，铁皮石斛不宜在高温条件下生长，以平均气温 26 ～ 33℃最为理想。但冬季最低气温不能低于 0℃，应保持在 5℃以上，否则易冻坏。

（3）湿度

铁皮石斛栽培基质湿度宜保持在湿润状态（即用手摸基质时感觉湿润，手捏无滴水）。过湿会导致基质透气性差，气生根长期在积湿的环境下易发生根腐病和软腐病，时间长了会很快腐烂。但基质过干根系吸收不到水分，也易干枯死亡。铁皮石斛最适宜的空气湿度为 60% ～ 80%，其空气湿度上限为 80%，下限为 30%。若空气湿度超过 80%，再遇到高温天气最易发病；当空气湿度低于 30% 时，由于空气干燥，加之基质湿度蒸发快易干燥，铁皮石斛叶片卷曲、发黄、生长缓慢甚至枯萎。从 7 年阳台栽培观察，空气湿度一般保持在 55% ～ 70% 较好。

（4）通风

铁皮石斛在生长过程中应注意通风。一是能够控制温度；二是能够控制湿度，防止病害发生；三是有利于气生根吸收新鲜空气，将空气中的营养物质转化而被吸收利用。

（5）生物因子

铁皮石斛常与石韦、苔藓、蕨类植物伴生。但对附生植物有选择性，通常与壳斗科树木、青杆树、槲乐树等阔叶树成为互惠互生关系。因此，在栽培铁皮石斛时，基质上面增加苔藓做附生植物，有利于铁皮石斛的生长。

2. 铁皮石斛生长习性及其生长发育规律

（1）铁皮石斛生长时期和生育期

铁皮石斛一般在平均气温 18 ～ 20℃以上时开始萌动发

芽生长。根据作者 7 年间在阳台栽培铁皮石斛观察发现，每年自 3 月 10 日之后，当平均气温在 18 ～ 20℃时，铁皮石斛开始从茎基部萌动幼芽（此时阳台平均气温相当于 5 月时自然界的平均气温，为 19.6℃左右），大约经 20 ～ 25 天，即 3 月底至 4 月中旬，幼芽苞呈管状，长约 1.0 ～ 1.5 厘米，芽苞张口像乌鸦嘴，形成两片叶逐渐开始生长。当阳台平均气温在 22.5℃时，茎顶生叶开始生长（相当于自然界 6 月平均气温 23℃左右）。

5 月阳台平均气温 23 ～ 25℃，铁皮石斛的叶片和茎秆同时生长。6 月至 8 月阳台内平均气温 25 ～ 31℃，此时铁皮石斛生长较快，特别是从 6 月中、下旬至 8 月期间，平均气温 28 ～ 31℃，为快速生长期，每 10 ～ 15 天可长出一片新叶。10 月上旬阳台内平均气温 18 ～ 23℃，铁皮石斛已停止生长。

（2）铁皮石斛休眠期

据在阳台和大棚内栽培铁皮石斛观察发现，铁皮石斛从 9 月下旬至来年 3 月，茎顶部已停止生长。但从气象因子讲，此时阳台和大棚内的平均气温都在 18 ～ 23℃，本应继续生长，但铁皮石斛已停止生长。这足以说明，铁皮石斛的生长类似于一年四季绿叶乔灌木一样，虽然秋冬季叶片是绿色，但是已处于休眠状态。同样铁皮石斛也不同于韭菜等草本植物，韭菜只要在一定的气温条件下，一年四季可割数茬，割后又随即长起，但铁皮石斛即使在一定适合的气温条件下，也不像韭菜一样继续生长。说明铁皮石斛生长期同样有阶段性。

由此说明，铁皮石斛在自然界生长（杨凌），以 5 月至 8 月，最迟以 9 月上旬计算，其生育期大约在 110 ～ 120 天。

南方温暖地区，生育期可能稍长些。

（3）铁皮石斛的生长习性

铁皮石斛多生长在石崖壁上或树干上，并与苔藓植物伴生。其根一部分固定在石崖壁上或树干上，起着固定作用，并从附生植物中吸收水分和营养物质，而另一部分根系裸露在空气中，可从空气中吸收养分和水分，不断从茎基部长出新芽和气生根，形成丛生状，进行生殖繁衍。其次，也可以从茎秆的中、上部茎节处，长出新幼芽（高腋芽），并在新幼芽基部长出许多绿白色气生根，而在空中长成新的植株。

（4）铁皮石斛的生长发育规律

采用组培苗、驯化苗和其他苗栽培后，观察发现阳台栽培的铁皮石斛于春季 3 月中下旬，即平均气温在 18 ～ 20℃时，当年便可从原母体植株的茎基部长出新幼苗，此时气温相当于自然界 5 月平均气温 19.6℃左右（杨凌）。茎基部长出的新幼苗管理得当时，当年可长到 10 ～ 15 厘米，也有长到 15 ～ 20 厘米高的。个别单株可以长到 25 ～ 30 厘米，而原来母株茎顶生长点已衰退，丧失再生能力。此时茎秆表皮逐渐增厚、老化、发白，随之叶片慢慢发黄而脱落，不再生长。第二年春季又从第一年长出的植株茎基部滋生出新的幼苗，第三年春继续从第二年生的植株茎基部长出幼苗，当年可长到 15 ～ 25 厘米，之后每年均可从新生植株茎基部滋生出新苗，若管理得当可长到 27 ～ 33 厘米。但一般单株生长到第三年时，其茎基部滋生能力差，很少再从茎基部发出新芽。而易于滋生新芽苗主要集中在第一、第二年生的单株茎基部。

铁皮石斛植株生长到一年，大约可以长到 15 ～ 20 厘米，若管理得当，当年也可生长到 25 ～ 30 厘米高，但来年茎顶端生长点不再继续生长。其茎顶端生长点已衰退，丧失再生能力，却从茎顶端或茎的中上部茎节处抽生出花蕾开花，表明进入了生殖生长。当年或次年茎秆上叶片逐渐发黄死亡脱落，茎秆表皮逐渐老化、发白，其表皮细胞丧失生命力，不再长出新叶和继续生长。生产上对这种单株，可在秋末或春初发芽前，及时采收入药。否则，不但消耗营养，还会影响其他植株生长，由于生长时间长，其茎基部气生根会慢慢衰老死亡，基质湿度大时，易得腐烂病。

铁皮石斛栽培到 3 ～ 4 年时，茎基部因表皮增厚、老化、逐渐皱缩变黑，其滋生能力差，此时应及时翻盆分株重新另栽。否则，由于栽培年限过长，基部气生根会丧失生命力，老化死亡，即使分株移栽，也难以从茎基部滋生新苗，栽后易于失败。因此，根据铁皮石斛的生长习性，在栽培时应选择植株茎基部粗壮且表皮呈绿色湿润，滋生力强的单株进行繁殖。这样当年移栽后易于长出新苗，否则，要延缓到第二年才能滋生新芽，或从茎秆中、上部茎节处长出新芽，称“高腋芽”，长成单株。

铁皮石斛还有一个特殊功能，无论是一年生或是二三年生的植株，一般从茎秆中、上部茎节处长出 2 ～ 3 个或更多的幼芽（高腋芽），约长到 2 ～ 3 厘米高时，会形成管状，大约 10 ～ 15 天时间可长出新叶，似乌鸦嘴，叶片随之慢慢长大，随后又重新在幼苗的基部长出 4 ～ 7 根不等的绿白色气生根，新生苗一方面从母株中吸收水分和营养，另一方面又利用气生根从空气中吸收水分和营养物质，供给自身的生长。这一特点与其他植物如旱半夏有类似之处。在生产上多采用铁皮石斛做繁殖材料，即等苗长出 3 ～ 5 片叶时，从苗基部气生根下 1 ～ 2 厘米处，用剪刀剪下另行栽植。

（5）铁皮石斛开花和结实特点

铁皮石斛栽植后，一般生长 2 ～ 3 年时，便从茎秆的中、上部茎节处或茎顶生长点处抽出花蕾开花，但也有的栽后一年就开花（驯化苗）。开花一般在 5—6 月，也有的在 9 月至 10 月上旬开花。根据观察，花朵从开放到衰败，大约 12 天，整个群体花期 25 天左右。开花由下而上分别开放，总状花序。不同区域的铁皮石斛开花时，花的大小、颜色均不一样。如福建、江西的铁皮石斛花小呈乳黄色，而浙江、贵州、云南的铁皮石斛花较大，呈乳黄色。安徽六安铁皮石斛开花呈乳白色，花稍小。

铁皮石斛在自然界开花难以结实，但在昆虫采花蜜时帮助授粉的情况下，可以结实。在人工大棚和温室等条件进行栽培时，可采取人工授粉，即将甲单株的雄花粉授到乙株花雌蕊柱头上，便可结实。一般在 9 月至 10 月成熟，果实为蒴果，椭圆形，内含多数细小的种子。当果实呈黄色时，应及时采收存放在干燥处，等熟后揉搓取出种子用于育苗种植。若等果实熟透再收集，由于日晒、风吹果实易裂开，种子便随风飞扬，造成经济损失。

第五章

铁皮石斛栽培技术

一、铁皮石斛繁殖方法

铁皮石斛的繁殖分有性繁殖和无性繁殖两种方法。有性繁殖即用种子繁殖，但在自然界铁皮石斛结实率低（靠昆虫授粉），即便在大棚内栽培，若无人工授粉帮助，也很难结实，况且利用人工授粉费时费工，种子繁殖生长期长。因此，生产上主要采用无性繁殖。无性繁殖有分株繁殖、扦插、高腋芽及组织培养等方法进行繁殖。分株、扦捶、高腋芽繁殖方法简单易行，但繁殖数量有限，不利于大面积提供种苗。组织培养方法繁殖系数大而快，但要有一定的设备条件，下面分别介绍无性繁殖的几种方法。

1. 分株繁殖

分株繁殖有两种方法：一是地上茎收获后进行分株繁殖，此方法在秋季或春季发芽之前采用。地上茎收获后进行分株繁殖，即从茎地上部 2 ～ 3 厘米处剪下茎秆入药，随后连根拔起剪去过长的气生根、老根、死根，按一丛 3 株栽一穴，深度应根据根系长短而定，栽后覆盖基质，并稍露出少部分气生根即可。二是利用基部有新生幼苗（或幼株）2 ～ 3 年的单株进行繁殖。以幼苗（幼株）3 株为一丛，穴深 2 ～ 3 厘米进行栽植。栽时剪去单株上所附代母株的老根、须根或死根，同新生幼苗栽到一穴中，栽后覆盖基质并留出少部分气生根，浇透水即可。等成活后，秋季再剪去单株上所附代的母株入药。

实践证明，第二种栽培方法较第一种好。一是栽后成活率高，铁皮石斛幼苗栽后不会因根系受到创伤而停滞生长，依托母株提供营养给幼株；二是根系多，既有母株根系还有更多新生苗带的气生根，栽后能及时吸收到水分和营养物质，中途不会“断奶”（水分、养分），所以栽后不会受到大的影响；三是除栽时带有新生幼苗之外，原母体茎基部依然可以发出新芽，两者群体丛生在一起，长势旺盛。而第一种分株栽法，由于先剪去了地上茎秆之后，地上面仅留 2 ～ 3 厘米高的短茎，加之本身根系生命力差，不能吸收到水分，在空气干燥的条件下，地上茎短且易失水，导致茎萎缩干枯，直至死亡，即使发出少量新芽，也是萎缩不长。所以，进行分株繁殖移栽时，采用第二种方法效果较好。其次，进行分株繁殖宜选 1 ～ 2 年生的单株，若生长到 4 ～ 5 年再进行繁殖，由于原母体根系衰败，生命力差，加之茎基部根皮厚、老化，基部不易滋生新幼芽，即使分株移栽，也难以滋生新苗，或者死亡。所以，分株移栽所选的植株生长年限应短，不宜过长。

2. 扦插繁殖

铁皮石斛扦插前首先应选滋生力强（发芽多）、生长快、长势健壮、丰产性好、抗病、茎节稍长而粗、茎秆紫红色或铁褐色的单株作为繁殖材料。一般在 5 月至 6 月扦插较好。选 1 ～ 2 年生健壮植株，取茎的中、上部，按 3 ～ 4 节（约 4 ～ 6 厘米长），剪成节（茎秆中、上部处属新生部位，繁殖力强，易于萌芽，成活率高，生长快，而下部茎秆灰白色，表皮老化，不易发芽），置于0.1%高锰酸钾溶液或生根粉液内浸泡半小时，取出晾干，然后按株行距5～10厘米的距离，插入备好的基质（砂子同锯末各半混合或带少量腐殖土与腐烂的树叶混合物，经消毒并保持一定的温度）内，深约为插条的2/3或3/4，插后压实，保持在20～30℃温度和一定的湿度即可。当扦插植株长出新苗4～6厘米高和带有白色气生根时，便可进行移栽。此外，当引进的组培苗移栽后，不易成活时（栽后1～2个月不发新苗和长气生根），应立即剪下绿色茎秆，经处理后，进行扦插，以减少损失。

3. 高腋芽繁殖

铁皮石斛在生长过程中，多数在二年生或三年生的单株茎秆中、上部茎节处萌发出许多腋芽，但也有的组培苗栽后不到1年，茎秆上就长出腋芽，称“高腋芽”。当高腋芽长出2～3片叶时，便从芽管的基部长出许多绿白色气生根，当新苗长为5～7厘米高时，便可从气生根下部1～2厘米处剪下，经处理后可移栽到盆内，或按株行距移栽到床架式内，每穴3株。一般多在春、夏季进行，但以夏季进行最好。总之，高腋芽应在9月以前栽植。否则，苗在茎秆上，由于冬季气温低，空气湿度小，营养和水分供应不上，气生根易于干枯，苗子逐渐萎缩死亡。

4. 组培苗培养繁殖

一般具备组培苗设备时可进行组培苗培养繁殖。组培培养繁殖系数大而快，可为大面积栽培提供种苗。

二、铁皮石斛人工仿野生半自然规范化栽培

1. 铁皮石斛栽前准备

（1）选好场地

选择场地：一是选择适宜铁皮石斛生长的生态环境做场地，即具备森林气候、空气新鲜、山清水秀的环境条件；二是选择当地水质好的地方，即水中矿物质丰富，pH 在 5.5 ～ 6.0 微酸性水质的地方。pH 在 7.0 以上的水不宜利用，城镇经处理后的自来水最好不用；三是海拔在 1 000 ～ 2 000 米的山区，冬季气温不低于 5℃，若低于 5℃种植铁皮石斛，一定要搭建好大棚设施，以保证铁皮石斛越冬不受冻害；四是在林下栽培时，最好在透光率 40% ～ 50% 的松树林下或阔叶林下栽培，既能遮阴，又能调节空气湿度，同时还可以充分利用林下资源，增加经济收入；五是选择便于管理看护的房前屋后空闲场地、缓坡地等交通方便之地，以及栽后所用的基质松树皮、树叶等原料取之方便的地方；六是不宜在空气对流的山谷口或洼地、沼泽地、水田、池塘边及洪水易发的地方栽培。

（2）建好大棚

①大棚大小及方位：棚的大小应以地势而定。一般以中等大的棚较好，宽 6.5 ～ 8.0 米，长 20 ～ 30 米，棚架中间高 2.5 米，由中间向两边，依次架高为 2.4 米、2.2 米和 2.0 米。两边形成一个斜坡，便于流水。坡向以东西方向较好，上、下午光照好。其次，根据大棚所处位置，确定开门或安装通风机设施的位置，通风机主要用于调节棚内温度和湿度。若无通风机时，可在大棚四周设小排风口数个，高温时打开，

低温时关闭。此外，在大棚四周设40目的防虫网，以防止昆虫飞入棚内，危害铁皮石斛。

②利用山区自产竹、木资源搭建大棚：山区竹、木资源丰富，但切勿用春后砍伐的竹、木做架棚，否则易生虫和腐朽。搭棚时支架要坚固，以防风吹雪压垮塌。

棚内和四周设立柱数个，棚上面每隔1米左右固定细木杆或竹竿，便于覆盖塑料薄膜和遮阴网，棚内四周，从下至上每隔1米用竹竿固定在支架上，便于覆盖薄膜遮挡。当整个支架做完后，将薄膜从大棚顶至四周全部覆盖上。7月至8月有太阳强光时，可用遮阴网从顶覆盖。（图1）。

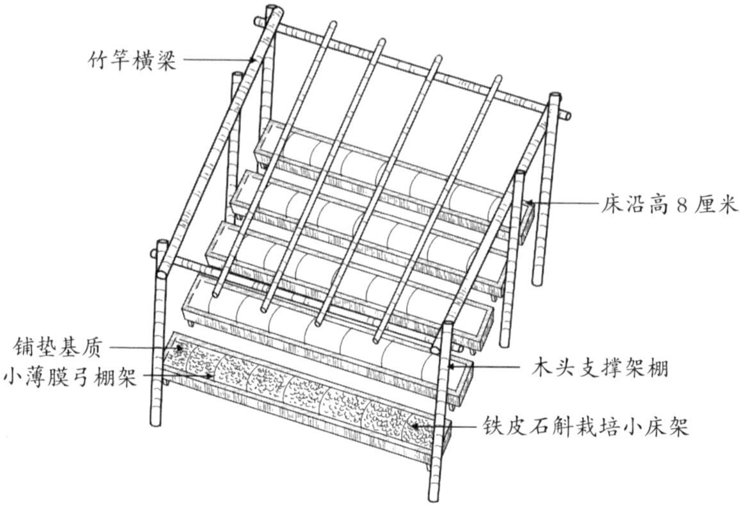

图1　铁皮石斛野外山坡原生态露地人工半自然栽培大棚

说明：木头支撑架棚上盖薄膜保温、防晒、防雨或覆盖遮阴网（包括四周）；小床上弓架冬季严寒低温时加薄膜；外大支架用木头支撑、上面按一定间距用竹竿搭架。

③利用钢管搭建大棚支架：此法比较牢固、耐用，使用年限长，也便于拆装。可采用蔬菜大棚搭建方法。大棚长宽、高度以大棚规模大小而定。但以中型大棚较好。搭建时，每个钢管间距 1 米左右，钢管接地处用水泥做柱固定，以防倒塌。

大棚整个支架做好后，上面覆盖较厚的塑料薄膜（保温效果好）。7 月至 8 月有太阳强光时，再覆盖遮阴网（图 2）。

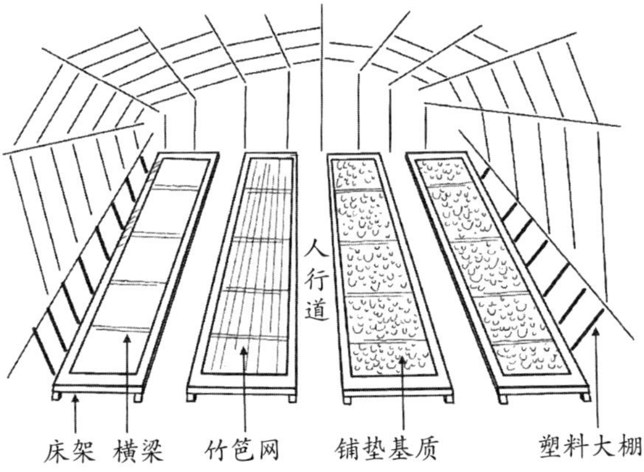

图 2　铁皮石斛人工仿野生半自然塑料大棚栽培

（3）做好支架

①利用木板或木头（棒）竹竿做栽培床架：床架长短应根据场地而定，过长不便于移动。一般床架长 3 ～ 4 米，宽 1.2 米，床架离地面高 30 ～ 40 厘米（用木头做腿，或用石砖垫起均可）。然后每隔 50 厘米距离，横向安装木条与床两边木头打铆（孔）或锯成木槽装上木条连接，上面铺上竹笆。四周沿床边加高 6 ～ 8 厘米，做挡板（木板或竹竿均可），以防铺基质时滚出（图 3）。当床架做好，将细竹子或竹片编织

成竹笆，铺放在床架上，然后铺上基质，便可栽培铁皮石斛。也可以在竹笆上，直接摆放盆栽的铁皮石斛。这一种方法的好处是若铁皮石斛生长过程中，发生病害或者死亡，可连盆搬走，不会影响其他铁皮石斛正常生长。

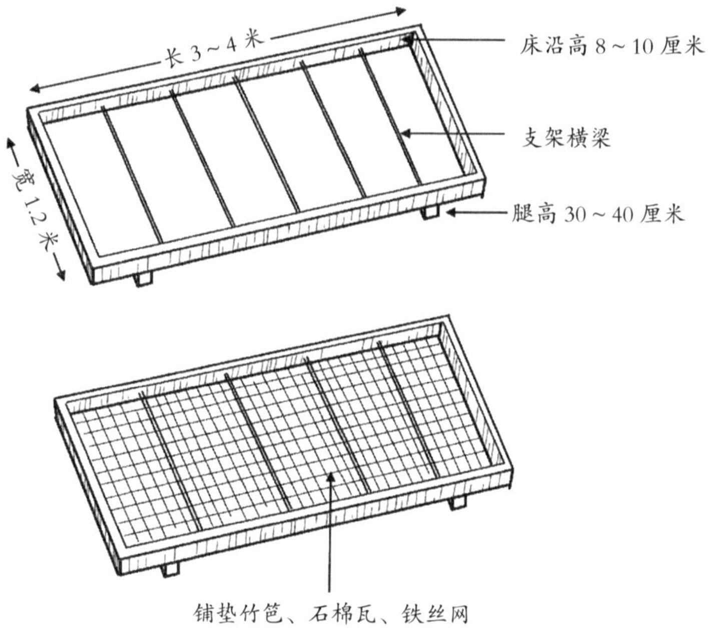

图 3　铁皮石斛床架式栽培

另外，也可以用石棉瓦做铺床底板，以代替竹笆。将石棉瓦平放在床架上，在石棉瓦上每隔 10 ～ 15 厘米处，打一个直径约 2 厘米的孔洞，然后铺碎石砖、树皮、树叶，再栽铁皮石斛。石棉瓦上打孔洞有利于基质内通气、利水。在石棉瓦上面也可直接摆放盆栽铁皮石斛。

②利用小角钢做床架：床体长 4 米，宽 1.2 米，床腿高 30 ～ 40 厘米，凡连接处钻孔用螺丝相连。床架内横梁，每

隔1米用薄铁板或细钢筋截成1.2米长，两头钻孔同床架用螺丝连接（便于拆装）。整个床架做好之后，上面可铺竹笆、石棉瓦或用铁丝编织成铁丝网，类似过沙子的铁筛一样（孔洞大小，以不掉出碎石砖为宜）。然后铺放在床架上，再铺上基质，栽植铁皮石斛，也可以直接把铁皮石斛栽到小盆摆放在架床上。采用小角钢做床架的好处：一是牢固耐用，不易损坏；二是拆装、搬运方便。但造价比竹木高，从长远考虑还是值得，可根据经济条件选择。

③台阶立体式栽培床架

A. 台阶立体式床架：用木条、木头、竹竿或小三角钢做成支架如楼道台阶一样的栽培床架。台阶腿离地面高20～30厘米，床架宽2～3米，高可根据大棚高低而定。若大棚中间高2.5米时，中间床架高做成2米，或做成两层，即下层高1.5米，上层高50厘米。摆放时可在下层顶部，安放木条或铁板3～4根，长度与上层床架底部相等，摆放好后，然后将上层床架重叠在下层床架上即可。从大棚中部向两边摆放床架高度，分别为1.8米和1.6米。总之，无论摆放在中间还是两边，台阶架床高度，要比大棚低50厘米左右。以防铁皮石斛接近大棚顶部，夏季受高温、强光影响，冬季受低温影响，对铁皮石斛生长不利，台阶立体式床架（图4）。

B. 台阶宽度：台阶宽度应根据栽培方式而定。若铁皮石斛直接栽到台阶上，台阶可以稍宽些，台阶边沿高8厘米，做挡板，以防止基质滚出。台阶可用木条或竹片，按一定的间距（以基质不会从缝隙掉下为准），以透气、利水。将木条或竹片两头钉在架板上，然后铺放基质，栽培铁皮石斛。

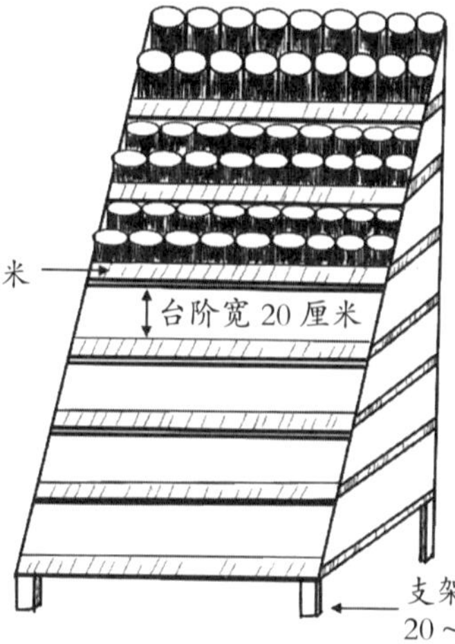

图 4　铁皮石斛立体台阶式栽培

说明：主体台阶用三角铁或木板、木头、竹竿做支架，台阶用木条或竹片、薄铁皮、细钢筋做横条，之间相隔一定距离，便于通气。

盆内栽铁皮石斛时，可直接摆放在台阶上，台阶可窄些。以塑料盆直径 10 厘米为例，台阶宽 20 厘米，高 5 厘米，每一台阶，可并排放小盆 2 个，也可采用外盆低，里盆稍高的摆放方式，大台阶中有小台阶，避免遮光。这种摆放方式比较好，其优点是小盆可以随便移动，若铁皮石斛生长过程中，发生病害或者死亡时可以随时取走，如果铁皮石斛直接栽到台阶上，清除时就不方便。

C. 台阶立体式栽培摆放：台阶与台阶之间需留出人行走道。间距 50 ～ 60 厘米，可背靠背摆放台阶。摆时以东西方向为最好，早、中、晚阳光均可照射到铁皮石斛。

D. 台阶立体式栽培管理：一切管理方法与床式栽培管理相同。不同的是，因为台阶床架较高，管理上有些特殊，如喷水、施肥等。可采用高压喷雾水分和液体肥料（磷酸二氢钾等）。有机农家肥腐熟完同水一起沤制后，将原液 500 克兑水 1.5 ～ 2.5 千克，即 1 ：（3 ～ 5）配制后，可站在梯子上灌入铁皮石斛根部。

E. 台阶立体式床架栽培铁皮石斛的优点：一是可充分利用场地，从下至上整个大棚内空间均可利用；二是可增加栽培容量和经济收入。这种栽培方式比床式栽培铁皮石斛更好。

④立柱式栽培床柱：这一方法与铁皮石斛贴树栽培方式相似。即在大棚内利用木头（粗棒）或塑料管（直径 6 ～ 8 厘米）做立柱体，并按一定的间距林立在棚内。然后在立柱体上，由下至上按 25 ～ 30 厘米间距，装设栽培架盘，将其基质铺在架盘上栽培铁皮石斛，或者铁皮石斛装在小盆内，摆放在架盘上（图 5）。此种方式栽培铁皮石斛既省场地，充分利用空间，增加栽培容量，又可增加经济收入。这一栽培方法的创新，不仅适用于大棚、温室内，同时也适用于房前屋后庭院内，借助林木树干做立柱体栽培铁皮石斛，比其他方法更加便利，充分利用丰富的林木资源，减少投资，对发展铁皮石斛生产、增加经济收入有着重要的意义。

具体方法如下：

A. 做好立柱：在大棚内利用废木头（棒）或直径 6 ～ 8 厘米粗的塑料管，或粗竹竿做成立柱体。若大棚中间高 2.5 米时，柱体高 2 米较好，柱体高从中间至两边依次为 1.8 米至 1.6 米递减。总之，立柱体顶端与大棚薄膜间距 50 厘米左右为宜。否则，柱体最上部铁皮斛靠近薄膜时，夏季易受高温、太阳强光影响，冬季生长又受低温影响。

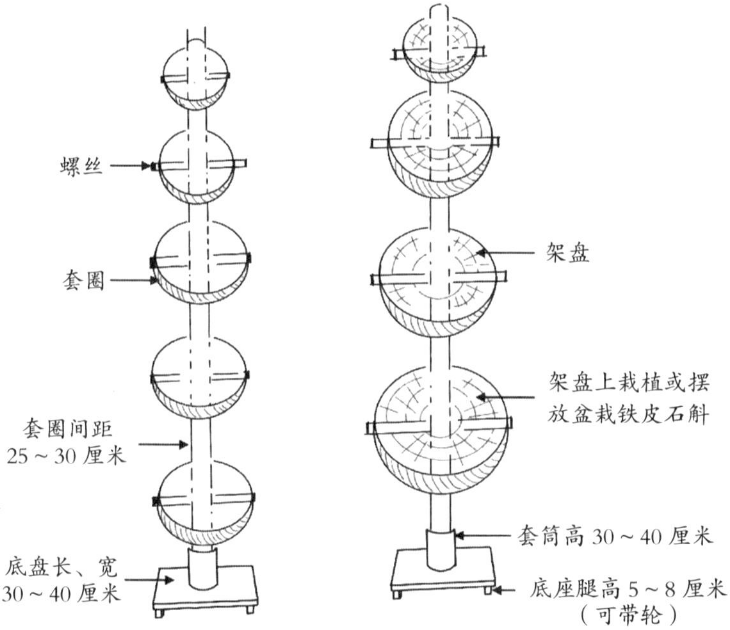

图 5　立柱体栽培架

B. 做好立柱体底盘座筒：柱体底盘座筒是连接柱体的一个套筒，可固定在立柱体上，选比立柱体稍粗，能装进立柱体的钢管，或者塑料管筒，做底座套筒。套筒高 30 ～ 40 厘米，底盘长、宽 30 ～ 40 厘米，底座下安装 3 ～ 4 条腿，高 10 厘米，下带活动轮，一是便于移动，二是支撑柱体不倒塌（图 6a）。也可采用三角腿支撑立柱体，即直接在立柱体下端用 3 ～ 4 根木条（棒），或三角铁钉在立柱体上，以支撑立柱体。当立柱体摆放好之后，由下至上按一定距离装好架盘，最后在架盘上铺放基质栽培铁皮石斛，或直接摆放盆栽铁皮石斛，此方法简单易行，节省工序。但上述两种方法当摆好立柱体后，在柱体顶端应用细铁丝、绳子或竹竿等物相互连接捆绑，以防止倒塌（图 6b）。此外，也可采用木架式搭建立柱体，即先在四角用木头或塑料管做柱体，上端顶部做成“U”形，便于在上面架木棒或用绳子捆绑，立柱体下端用木棒（条）或三角铁做 3 ～ 4 条腿支撑，然后两头用木头或粗竹竿做架梁，再从架梁上按一定距离横架木头或竹竿，分别将做好的立柱体按一定距离摆放，上端与横梁捆绑固定，最后对每一个立柱体由下至上按一定距离安装栽培架盘，铺上基质栽植铁皮石斛或摆放盆栽铁皮石斛（图 6c）。

C. 做好底座盘支架杆：可用薄铁板或钢板先弯成两个半圆形底座盘圈（按柱体粗度确定），将两头弯成柄把，在柄把上打 1 ～ 2 个孔洞，便于用螺丝固定。如图 6a 所示，在两个半圆铁（钢）板上按一定距离打 6 ～ 8 个孔洞，将钢筋一头拉成丝口，装进铁（钢）板圈孔洞，两边分别用螺丝固定在铁（钢）板圈上，两个半圆形底座盘圈合并，在柄把上用螺丝固定，即成底座盘支架杆。底座支架杆长度应依架盘大小而定，如图 6d 所示。

D. 做好栽培架盘：架盘制作方法一是架盘采用细铁丝、细竹竿（破开）、竹片、塑料编织带或韧性强的茎藤如葛根藤等物编织。先编织成两个半圆形（按架盘大小而定），编好后将两个半圆形盘合拢套在底座支架上固定。也可以从塑料厂订购塑料盘，同样制成两个半圆形，安装时将两个半圆合并套在柱体上即成圆形（图 6b）。架盘大小应依栽培容量和立柱体支撑力而定。一般以底盘直径 50 厘米、60 厘米或 70 厘米为宜。直径过小导致栽培面积小，过大则架盘负重超越柱体承受力。架盘在柱体上由上至下按小、中、大盘顺序依次进行安装。

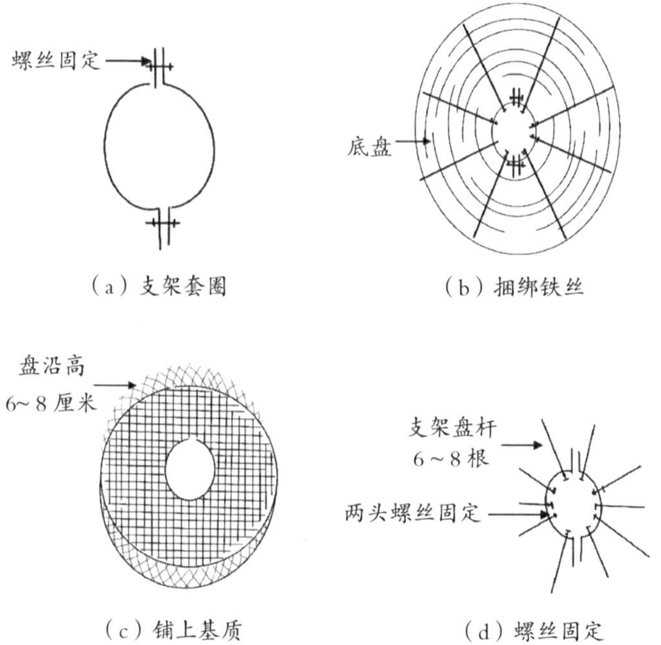

图 6 铁皮石斛栽植架盘

架盘制作方法二是用竹片、细竹子或其他软性材料编织成架盘。编织时，中间按立柱体粗度留一大孔洞，然后按架盘大小尺寸进行编织成类似竹筛子形状，边沿高 8 厘米，以防装基质时滚出。竹片或细竹子间隙 1.5 ~ 2.0 厘米，以不漏掉基质为原则。当架盘编好后，可在背面横竖安装各 2 个竹棒或木条，以支撑架盘底座（图 7），以防装基质时下陷。

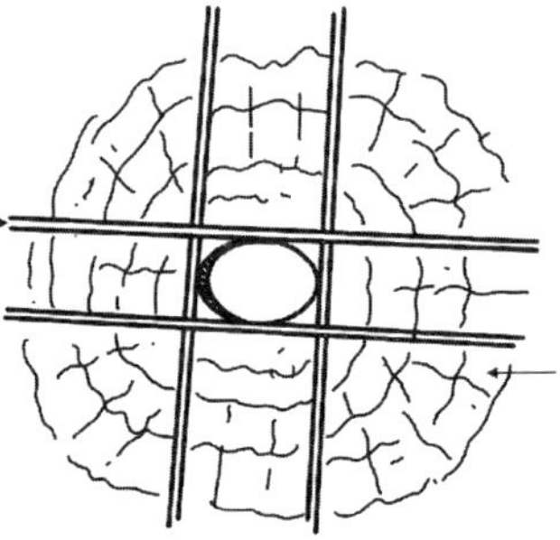

图 7　架盘底座

装架盘时，将架盘从大孔洞由立柱体顶部套进即可。然后按栽培架盘距离由上至下分别固定。即在架盘下面分别用 4 个木方条或薄铁板固定在架盘底部，最后再用 4 个木条（木棒）或细钢筋，一头接架盘底板固定，一头再接立柱体用铆钉或用铁丝捆绑，以支撑架盘。当架盘固定好后，上面可铺设一层厚塑料薄膜或不漏水材料（防止洒水、肥液流失）。然后铺设约 7 厘米厚的基质，再按一定行、株距栽培铁皮石斛。也可将已栽培在小塑料盆内的铁皮石斛摆放在架盘上。

总之，无论哪一种方法，均应根据当地资源及其材料来源、经济条件，本着省工、投资少、低成本、高效益的原则灵活采用，并在实践中不断探索、不断创新，为发展铁皮石斛生产作出贡献。

E. 立柱体摆放间距：立柱体应根据大棚规模大小灵活安排。每一排留出人行道，宽 50 ～ 60 厘米。然后在各排之间，按三角形错开摆放，防止彼此遮光。其间距以便于人操作和管理为准。

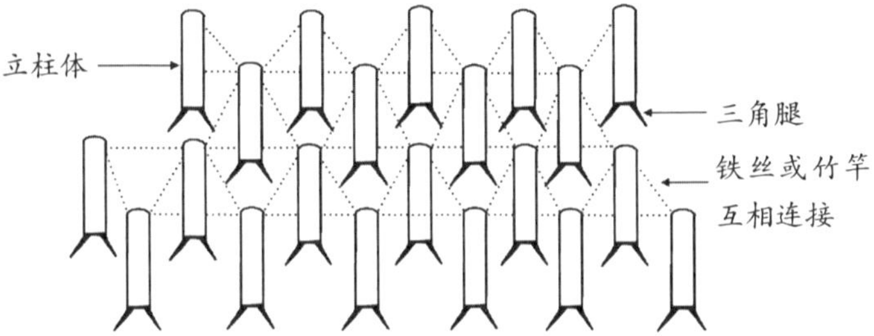

图8　三角腿立柱体栽培

说明：此方法简便易行、节省工序，立柱体上端用铁丝或竹竿，互相连接捆绑，防止倒塌。

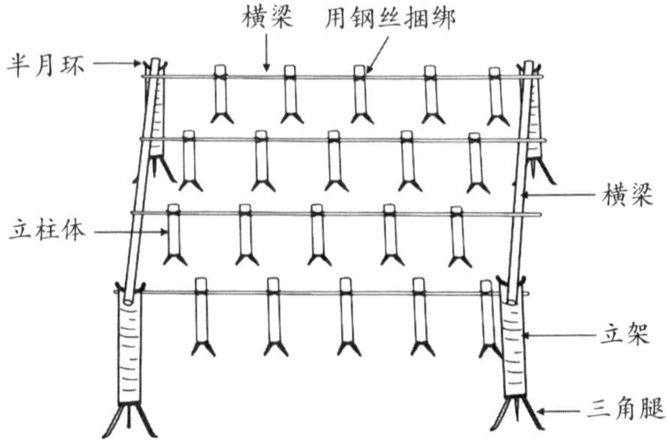

图9　木架式立柱体栽培

说明：此方法用木头或竹竿做支架，方法简便易行，支架稳固、不易倒塌。

F. 立柱体栽培铁皮石斛适用范围及其管理：这一方法除在大棚内应用之外，也适用于房前屋后、庭院林下、树林地和其他林地栽培铁皮石斛。在进行铁皮石斛栽培时，应注意以下几个方面：

在树林地及其他林地栽培铁皮石斛时，可利用自然树木做立柱体，不需要人工再栽植立柱体。直接将做好的架盘（套圈装好在支架盘上）由上至下间隔 25 ～ 30 厘米装套在树干上，在架盘上铺好基质，栽培铁皮石斛或摆放盆栽铁皮石斛。此法比贴树栽培更为方便，且能充分利用树干，不伤树木，但在作套圈时，要做得稍微大一点，两头把柄螺丝应稍长，便于随着树木生长可不断放大套圈，否则会影响树木生长。

在房前屋后、庭院和林间空场地人工栽培铁皮石斛时，立柱不宜过高，3 米以下较好。过高难以操作，不易进行查苗、喷洒水、喷施液体肥等工序。

场地宜选背风处，防止风吹影响铁皮石斛生长。栽立柱体时入土要深且牢固，防止倒塌，必要时用木棒从三个角度支撑柱体，或周围有树木时用铁丝固定，以防倒塌。

冬季注意做好保温设备，凡寒冷地区，特别是冬季气温在 5℃以下时，为了防止冬季铁皮石斛受冻，对整片林下栽培场地，应建立大棚设施。对林下零星设立柱栽培铁皮石斛的场地，同样要做好保温设备。方法是：在立柱周围，约离铁皮石斛 10 ～ 15 厘米处，围绕圆圈按一定距离（15 ～ 20 厘米）插上和立柱体同样高的细竹竿，上下用绳子把竹竿连接，以防竹竿倾斜。然后用塑料薄膜做成套筒，从顶部直套近地面，周围用绳子捆住，或者直接用塑料薄膜围住。上用铁夹夹住，防止薄膜掉下或被风吹掉。春季气温回升时，逐步将覆盖的薄膜揭掉。

常检查基质湿度，若基质发白干燥应及时喷洒水，同时按一定时间喷施农家有机液体肥。即用腐熟农家肥浸泡数日充分腐熟，同时加入灭菌、杀虫剂、磷酸二氢钾等混合液，取 500 克原液兑水 1.5 ～ 2.5 千克，比例 1 ：（3 ～ 5）喷洒在基质上即可。冬季或基质缺水时要特别注意保持湿润，喷水时，可加钾肥与水同时喷雾起到防冻作用。

注意防治病虫害及鼠害。可在立柱体下面放置粘鼠板，防鼠效果较好。

⑤木棒并列式小床架栽培：将砍伐的松树废木棒、青杆木或做木耳后的废弃棒做成小床架栽培铁皮石斛。可充分利用资源、节约材料、节省成本。一般将直径 3 ～ 4 厘米粗树枝条截成 50 ～ 60 厘米长的小段，每 4 ～ 5 根摆平，两头分别用同床架宽的木条或木棒，将木条用细竹片或细铁丝或尼龙绳、编织袋捆绑在一起或用铁钉固定，以保持架床平稳和便于移动。床下四角用石头或砖垫起，高约 20 厘米，然后在木棒之间的缝隙上铺一些碎树枝或树叶（经沤制后效果好）。也可以铺上一些青苔或者河泥同牛粪混合物，再将铁皮石斛栽植在上面。此方法接近自然环境，接地气，潮润，利水透气，简单易行，可充分利用资源，在林木及半阴半阳处水渠边，大小场地均可实施，也便于搬运（图 10）。

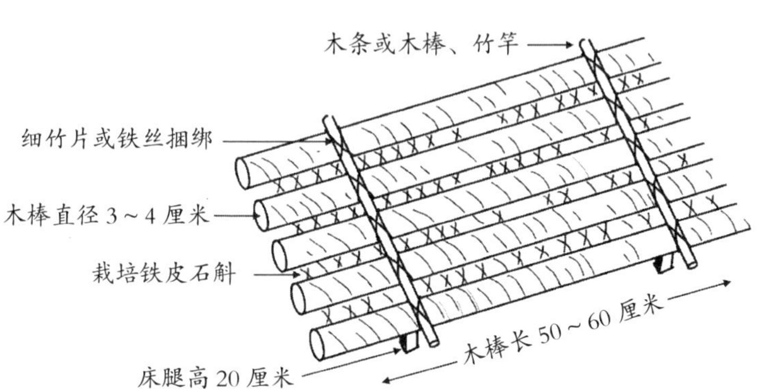

图 10　木棒并列式小床架栽培铁皮石斛

⑥盆栽法：盆栽法即利用小塑料盆进行栽培。如直径 9～12 厘米大小不等的盆，里面装上备好的基质，然后将铁皮石斛栽到盆内。此方法不仅适用于大棚内，更适用于庭院、居住阳台、房前屋后采用。在栽培过程中，若发现病株，可连盆移走，防止传染。也便于连盆带苗销售。

（4）基质原料

①碎石砖、碎瓦片：将废旧砖块或碎瓦片（不能用河里光滑的石头）砸碎为直径 0.5～1.0 厘米，即可作基质。碎砖、碎瓦片便于吸水，又能释放水，加之本身凹凸不平、有棱角，做基质时便于透气、利水，使基质不板结。

②松树皮、松树果、树叶、树梢做基质：可利用松树皮、松树果、栎树皮、废木耳棒粗皮、做香菇的废料、木炭、刨花、蕨根、青苔、人发、猪毛、牛毛、玉米芯（反复用水浸泡，去除甜味，腐烂后用）、水稻谷壳等原料做基质。但以松树皮、松树果做基质最好。其优点是表皮粗糙、皮厚、沟槽深。做基质后内部空隙大，利水，透气性好，不易密闭，腐烂后，又是很好的肥料。但凡带香味的树皮（如石樟树、木兰树、栎树皮），树皮薄、光滑的树皮不能用。树皮、玉米芯、松树果应打成直径 0.5～1.0 厘米大小备用。树叶应以混合树叶做基质较好。其营养来源丰富、是有机肥的“仓库”。树叶、树梢同样打碎使用。

（5）基质处理

树皮、树叶、树梢、玉米芯等物，打碎后均应浸泡在水中约 7 天，让其充分排酸、吸水。一般在夏天高温时堆沤较好。其温度高、时间短、效果好。利用玉米芯做基质时，一定要先腐烂，再进行长时间浸泡，浸泡中多次换水，以去除甜味，高温堆沤让其腐熟。谷壳也应堆沤腐熟。

（6）基质消毒处理

①农药灭菌杀虫处理法：基质原料经上述工序完成之后，可用 50% 多菌灵或甲基托布津 800 倍液和杀虫剂一块浸泡 5 ～ 7 天，捞起沥干备用。

②蒸煮灭菌杀虫处理方法：基质原料也可以高温蒸煮，通过高温蒸煮之后，可起到灭菌、杀虫作用。但基质量大时操作不便，可根据实际情况采用。

③创新方法：在实践中，探索利用农家有机肥或牛粪、猪粪、羊粪（粉成末用），油饼、草木灰等其他肥料，加水一起浸泡 15 天左右（夏天可短些，但要充分腐熟），让其充分腐熟。然后取浸泡原液 500 克，兑水 500 ～ 750 克，再按基质多少配置溶液（液体淹住基质），并按比例加入灭菌剂、杀虫剂及磷酸二氢钾溶液等，一起浸泡 7 ～ 10 天，让其充分灭菌杀虫（随用随捞，起沥后可装盆，铺垫栽苗）。这一新处理方法，使基质在浸泡时能充分吸收肥液并贮藏在内部，似小肥料库。当铁皮石斛栽后缓苗时便可吸收，不会“断奶”，生长快且健壮。这一创新处理技术优于高温杀菌处理及其他处理方法，且为一次性处理，省时省事，便于操作。

（7）基质搭配比例：碎砖或碎瓦片占容量的 20%，树皮占容量的 40%，树叶占容量的 20%，即 2 ∶ 4 ∶ 2。其次，利用谷壳做基质时，比例不宜过大，约占总容量的 10% ～ 20%，比例过大，由于本身体积小，腐烂后基质内容易密闭，不利水、透气性差。

（8）基质铺垫方法与厚度：无论是床式或盆栽，都需要在下层先铺碎石或碎瓦片，然后上面再铺树皮，最上层铺树叶。也可以将树皮、树叶混合进行铺放。基质总厚度以 6 ～ 8 厘米为宜。基质铺垫过厚、内部易渍水，特别是树叶，谷壳等细小的基质腐烂后易造成密闭，加之温度高，下部透气性差，久而久之铁皮石斛易发根腐病、软腐病，重则死亡，这也是造成铁皮石斛栽培失败的因素之一。因此，栽培基质铺垫时，宜浅、适中，不宜过厚。

（9）选好品种（种苗）

首先，选择含多糖成分在 25% 以上的铁皮石斛，即国家药典规定指标，以及其他成分含量丰富的品种。从形态上要选择整齐、真正具有铁皮石斛标准特征的种苗。其次要选择耐湿、耐寒、耐高温、耐强光、抗病、长势强、丰产性好、适应性强的品种。但目前生产上应用的品种大多比较混杂，值得种植者们高度重视，并加以改进。从六省引进铁皮石斛试种观察来看，它们之间性状差异较大，即使是一个地方的品种，群体内之间特征也不一样，而且不整齐（详见第三章）。加之中药材不同于其他农作物，在未经地方或国家审批时，不能推广种植。就铁皮石斛而言，目前国家除对成分含量有要求之外，再无其他规定，这就给铁皮石斛的生产应用上带来弊病，究其原因是在其生产中忽视了对品种的提纯复壮和品种选育。

中药材同其他农作物比较，有一定的特殊性，当前国家仅仅从成分含量上提出了要求，但对每一个品种的形态特征标准及其抗性，丰产性等没有提出规定标准。为了解决生产上混杂的问题，国家应逐步对主要品种采取相关的措施。一是国家对中药材各品种，应像对待其他农作物品种审定一样，除规定质量标准之外，对每个品种还应提出指标，确保其疗效，对患者负责；二是未达到规定指标标准的，不能繁殖，不能推广种植，不能销售；三是如铁皮石斛或其他药材品种，国家可指定单位进行品种繁殖和销售，保证其质优、安全、疗效好；四是农户不要盲目引种，应到国家规定场地考察，确属质优（国家指定检测单位提供的分析数据证书），其形态整齐等均达标的，可进行引种试种，后逐步扩大种植，稳步发展；五是凡引进的铁皮石斛大苗、驯化苗、组培苗，要严格检查其叶片、茎秆、根系是否带病，若根系呈暗褐色、黑色或干枯黄色等不能用。否则栽后不久会死亡，造成损失。若出现上述情况时，也可以分别栽植，便于管理。

（10）种苗分级及消毒处理

①大苗、驯化苗分级和消毒处理：凡购回属大苗和驯化苗，首先应清除病株和劣株。即根系发黑或黄朽要分开，然后按大、中、小进行分级，便于栽植和管理。栽前用50%多菌灵、甲基托布津或高锰酸钾800～1 000倍液，喷雾消毒。以防从外地运输而带来的病菌感染。喷后稍晾干，再进行栽植。

②组培苗的分级和消毒

A. 练苗、取苗：凡购回的瓶苗，要立即打开瓶盖2～3天，让其通气、见光，以防瓶苗发热，同时让其逐步适应新的外界环境条件。随后用镊子将种苗从瓶内取出，取时谨防损坏叶片和根系。若用镊子不便取出时，可将水浇入瓶内，使琼脂泡软再慢慢夹出。将种苗取出后放在清水里轻轻摆动，反复洗净根系上的琼脂，直至将叶片、根系上的异物清洗干净为止。否则，琼脂异物附在种苗上易长霉、腐烂。

B. 精选苗株：当瓶苗取出后，去除病株和无根的苗，以防带病苗栽后感染其他健康苗。然后按大、中、小分级。

C. 消毒处理：精选分级的苗稍晾干，然后在地面铺上一层纸或薄膜，将苗摆放在上面，厚约 1 ～ 2 厘米，用 50% 多菌灵、甲基托布津或高锰酸钾 800 ～ 1 000 倍液，喷雾在苗上。但栽前若气温高时（30℃以上），摆放的苗每天上、下午喷一次水，阴天可喷一次，以防苗干影响栽植成活率。

2. 铁皮石斛的栽培方法

（1）床架式栽培

①基质保湿：当床架上基质铺好，在铁皮石斛栽培前的第三天，从上至下将基质淋湿，待三天后稍干时即可进行栽植。

②铁皮石斛栽植时间：铁皮石斛一般在 5 月（平均气温 18℃以上）至 6 月底之间进行栽培较好（人工设施大棚、阳台可在 2 月中旬至下旬进行）。9 月也可进行栽培，但春季栽培最好。9 月栽培生长季节短，更重要的是从 9 月下旬后，铁皮石斛已进入休眠期，在原老根系尚未恢复生长、新生根系又没有滋生出来的情况下，铁皮石斛不仅不能从基质内吸收营养，反而会消耗自身的营养，加之 10 月之后，气温逐渐下降，从 11 月至来年 4 月，由于气温低、冷冻、空气干燥，会导致茎秆表皮皱缩、叶黄脱落，严重时茎秆失水而干缩，甚至干枯死亡。所以铁皮石斛一般不宜在 9 月之后移栽。此外，7 月至 8 月因气温高，在自然界不能移栽，但在林下或人工大棚内，气温不超过 30℃时可进行移栽，同时要控制好湿度。

③栽植密度：组培瓶苗在床架上栽培，行距 15 厘米，株距 10 厘米，每平方米栽 67 丛，每丛 3 株，即栽 201 株 / 平方米。驯化苗栽培时行距为 20 厘米，株距为 15 厘米，每平方米栽 33 丛，每丛 3 株，即 99 株 / 平方米。盆栽时，可一盆栽 3 株（由湖南新宁县罗仲春同志提供）。

④栽植方法：首先，铁皮石斛在床架上栽植时宜 3 株丛栽，否则成活率低、长势差。其次，栽植时宜浅不宜深。栽植时先用手指在基质上按株行距挖一小穴，深约 2 厘米，然后将铁皮石斛三株抓在一起，放入穴内，舒展根系，盖上基质，再用手指轻轻压实，稍提起即可。另一种方法是架床铺基质 2/3，然后用左手将 3 株基部握住，按株行距定位，右手再抓一些基质围在根部周围，并露出上部少量根系，再轻轻压一下，行间再填些基质即可。实践证明，铁皮石斛采用第 2 种栽培方法易于成活、生长良好。其原因是，铁皮石斛在栽培的过程中，根系展直而不会受损伤，栽培后根系吸收基质内的水分和营养物质，“断奶”时间短，易长出新根、恢复生长。同时裸露在外的气生根，又可从空气中吸收水分，所以这种半栽植的方法比全部把根系埋在基质内的方法成活快、成活率也高，符合铁皮石斛野生生长习性。同时此种栽法，根基部易于滋生新苗。相反，若铁皮石斛根系全埋在基质内，加之穴小，而根系又多又长（4 ～ 5 厘米），栽培时根系不可能舒展，只能弯曲，甚至折断受损，所以前者栽法不如后者好。加之基质内湿度大、透气性差，易造成根腐病、软腐病发生，重者死亡。

（2）铁皮石斛盆栽法

这一方法既适用床架上或单独进行盆栽，又便于管理、清除病株、搬动方便。特别是适用栽种于住户阳台内、居住房屋楼顶上或庭院内。既美化环境、调节气候、同时又能加强自身保健，还可以增加经济收入。

①栽前准备：可选用塑料小盆。盆不宜过大，否则，会占用空间，还会减少栽培数量。

②基质种类及处理方法：同前文所述人工规范栽培基质处理方法。

③基质铺垫及比例：同前文所述。

④铁皮石斛苗的精选和处理方法等：同前文所述。

⑤栽培时间与方法：同前文所述。

⑥阳台、庭院等环境条件栽培时应注意的事项：一是在阳台、庭院或房前屋后栽培时，应选择半阴半阳的地方。二是若在封闭的阳台内栽培，一定要留通气道。尚未封闭的阳台需用塑料薄膜封闭，便于控制温度、湿度，以防冬季低温袭击，还要搭好遮光设备。三是在庭院、房前屋后栽培时，要注意光照和遮阴设备，最好在树下进行，以防直射光照射。四是阳台、庭院、房前屋后栽培时，宜采用立体式即楼道台阶摆放方法。立体大小应根据场地而定，这样可以充分利用空间增加栽培面积。一般架底离地面 30 ～ 40 厘米，架高 1.0 ～ 1.5 米。但具体大小应以场地空间大小而定。此外，庭院、房前屋后栽培时，也可采用立柱式栽培方法，充分利用空间，节约占地面积。

三、铁皮石斛人工仿野生栽培

铁皮石斛人工仿野生栽培是完全按照原野生生态环境条件

进行栽培的方式。其优点有：保持原优良品种特性、提高品质、提高铁皮石斛的适应性和抗性、充分利用自然界资源，为提高人民身体健康提供物质保障和获取经济收入有着重要的意义。

1. 铁皮石斛贴石栽培

（1）选好场地

宜选半阴、半阳、水源方便、空气湿度大、背风、冷凉湿润的缓坡石板，石崖附带苔藓，以及人行方便、操作便利的地方。

（2）石坡石缝、石窝栽培方法

可利用石坡上天然的石缝、石窝进行栽培。还可在石坡、石崖上按行距 20 厘米 ×15 厘米或 30 厘米 ×20 厘米人工打槽缝、石窝，深 8 ～ 10 厘米，槽宽 6 厘米左右，石窝直径 6 ～ 8 厘米。然后在石槽、石窝底部打一个流水槽，以便利水。当石槽、石窝打好后，可从石坡上方两边，由上至下修好排水沟，以防雨水特别是暴雨冲刷石斛苗。修建排水沟一般在栽前或利用冬闲时间进行。

（3）基质铺垫

将已消毒的基质，同塘泥或河泥混合均匀糊在石缝（槽）、石窝上，然后用苔藓（消毒）包在铁皮石斛根部，放在铺垫的基质上面，并让根系舒展，上稍盖腐熟的树叶，保持苗体直立（用树枝支住），以防倒伏。

（4）栽培时间

一般在 4 月下旬至 5 月平均气温上升为 18 ～ 20℃后进行，不能过晚，否则遇到高温，石板经太阳曝晒容易烧烤石斛苗。另外，石斛苗在尚未扎根时就进入伏天，易受高温灼伤而死亡。

其次，9 月后不宜进行栽培，因铁皮石斛已快进入休眠期不能生长，此时若盲目栽培，由于气温下降石斛苗不但不长，再遇冬季低温还易冻坏。此外，凡在石板、石窝上栽培铁皮石斛时，一定要用健壮的驯化苗或生长一年的种苗栽培，栽后易于成活。

2. 铁皮石斛贴树栽培

（1）选好林地和树木

宜选管理方便、树林密度不大、透光率 40% ～ 50%、向阳且阴凉湿润的地方或房前屋后的零星大树，树皮厚、粗糙、沟槽深、水分多、常青树并附生苔藓的树木。其次，要选背有树杈的地方，高度 3 米左右。以松林、青秆树林为宜。

（2）栽培时间和方法

当树木选定之后，在背光和背雨的树干上，用棕树丝或绳索、纺织绳、遮阴网捆绑成一个网袋，将已处理消过毒的基质（基质种类处理同贴石基质相同），同塘泥或河泥均匀混合，糊在捆绑好的网袋内。塘泥或河泥同腐熟后的有机肥搭配比例为 5 ∶ 1 或 3 ∶ 1 均可。然后将消过毒的苔藓，包扎住铁皮石斛根部摆放在基质上，紧贴于树皮上，舒展根系，上盖少量的腐熟树叶即可。然后用绳索将石斛苗固定在树干或树枝上，以防风吹雨淋倒伏。新生根长出后，紧贴于树皮上攀附生长。一般在 4 月下旬至 5 月进行较好。此外，也可仿照大棚内在立柱体上用竹子或铁板做成半圆形套圈，按一定距离固定在树干上，装上架盘栽培铁皮石斛更为方便。

（3）栽植密度

一般按 30 厘米 ×20 厘米或 30 厘米 ×30 厘米距离栽一窝，

一窝 3 ～ 4 株或采用立柱式架盘栽培均可，栽时从树干由上至下依次进行。栽后常保持基质湿润，干时喷洒水分，中途每隔 10 ～ 15 天追一次有机肥液（牛粪或羊粪、油饼、树叶等腐熟后浸泡的液体肥），小苗浓度比例为 1 ：（3 ～ 4），即 500 克有机液体肥兑水 1 500 ～ 2 000 克，大苗浓度比例为 1 ：（2 ～ 3），即 500 克有机液体肥兑水 1 000 ～ 1 500 克。但应根据天气变化如空气中的干湿度及是否雨天而灵活确定。干旱时浓度宜稀，阴天或空气湿度大时浓度可稍大。其次，喷有机液体肥时均可混合加施 0.2% 的磷酸二氢钾肥一起喷施或单独喷施磷酸二氢钾肥。

3. 林木树干立柱体栽培铁皮石斛创新

通过实践，作者探索出借助林木树干做立柱体栽培铁皮石斛的方法，扩大和充分利用了林木资源。这一新方法对大力发展铁皮石斛生产、开发资源利用、助力乡村振兴和增加群众的经济收入都有着重大的意义。

借助林木树干做立柱体，可减少人工在林地空间搭载木杆做立柱体的工序，直接将编织好的架盘装在树干立柱体上。依次由上至下按一定的距离安装栽培架盘，并在栽培架盘上面铺一层厚塑料薄膜或不漏水的材料，以防洒水时流失，反被基质吸收而变得湿润。然后把准备好的基质铺在薄膜上，约 8 厘米厚即可，再将铁皮石斛苗按一定的株行距栽在上面。也可将苗先栽到小塑料盆内摆放在架盘上。栽培架盘做法及安装同前文。

林木树干立柱式栽培铁皮石斛需常保持基质湿润，不下雨时应天天检查，若发现基质干燥发白时，应及时用高压枪喷雾器喷洒雾水。追施农家有机液体肥时，同样采用此法进行喷施，防止脱肥影响生长。

4. 铁皮石斛林下栽培

（1）选好场地

在林下栽培铁皮石斛时，首先要选林木稀疏、树枝部位高、林下空间大、空气流通、阴凉湿润、散光、离水源近、交通方便的地方，以松树林较好。林木过密，树叶密闭，叶片大的林下不宜栽植。因这些树林通气不好，透光率低，大叶片树若遇大暴雨时，雨滴大，易伤石斛苗。

（2）利用林下自然生态环境栽培铁皮石斛

①利用林木下自然生态环境的石坎、石窝、石缝栽培铁皮石斛。其方法是先清除石坎、石窝、石缝周围的杂草，然后将备好的基质填充在里面，再将铁皮石斛按要求栽好。为防止种苗掉出，可在旁边用稀泥同腐熟的农家有机肥混合糊在上面。这一方法也适用于半阴、半阳、无强光照射的地方及在房前屋后石坎上栽培时采用。

②可利用林木地面乱石做栽培床，即将林木下零散石块收集，按场地大小做成栽培床。四周边将用石头竖立起，围成墙一样，高 12 ～ 15 厘米，床直径空间有 40 厘米、50 厘米、60 厘米、80 厘米大小不等。形状似圆形、正方形、长方形均可（图11）。当床做好后，先在下面铺一层小石块（便于利水），上面再铺 8 ～ 10 厘米厚

图 11　人工建造石头栽培铁皮石斛图

的基质，按株行距栽好苗，最后上面再覆盖一层苔藓植物即可。

（3）林下搭建大小棚栽培

方法同人工仿野生半自然规范化栽培相同。

（4）利用林下自然生态环境露地栽培铁皮石斛

①首先在林下选稍带有坡度的场地（便于利水）做床底。清除周围杂草后，用竹片或细竹子、藤条、编织带，编制成 12 ～ 15 厘米宽的篱笆（以不漏出基质为准），床底宽 1.0 ～ 1.2 米。两边竖摆起编好的篱笆做挡板，然后在篱笆外面按一定的距离打木桩，并用细绳、藤条或细铁丝捆绑固定支撑防止倒塌。形似栽培床（图 12）。也可以用竹竿或木头及树枝条在两边做挡板，同样用细绳或细铁丝固定，以防小石块及基质滚塌。床式长短以地形和便于管理操作而定。当篱笆摆放好之后，地面上先铺一层小石块（利水），上面再铺一层备好的基质（8 ～ 10 厘米厚），随后按株行距栽上铁皮石斛，栽后上面覆盖一层苔藓即可。

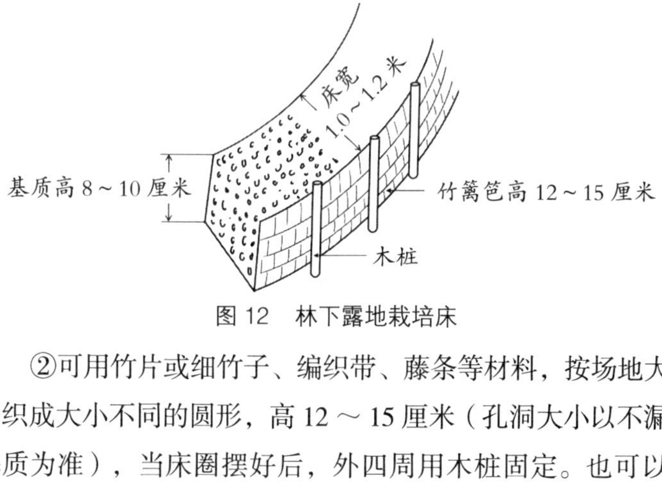

图 12　林下露地栽培床

②可用竹片或细竹子、编织带、藤条等材料，按场地大小编织成大小不同的圆形，高 12 ～ 15 厘米（孔洞大小以不漏出基质为准），当床圈摆好后，外四周用木桩固定。也可以编

织成 40 厘米、50 厘米、60 厘米、80 厘米长，高 12 ～ 15 厘米的竹笆，按大小、长短，将竹笆摆成长方形或四方形似围墙一样做成挡板，然后将周围用木桩固定到竹笆上以防倒塌。当固定后，下面先铺一层小石块，上面再铺基质 8 ～ 10 厘米厚，按一定株行距栽苗，最后上面再铺一层苔藓即可（图 13）。

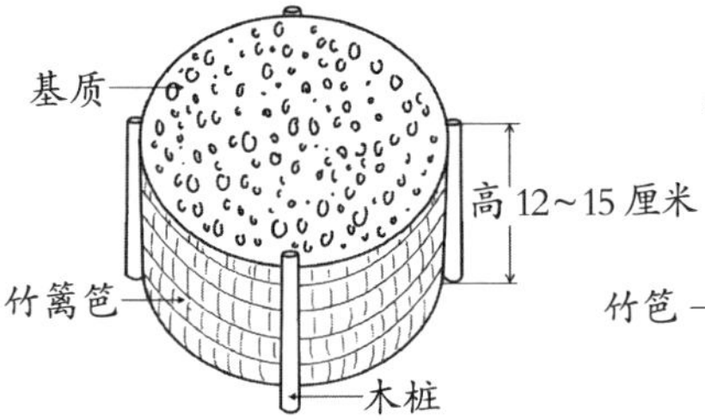

（a）圆形栽培床

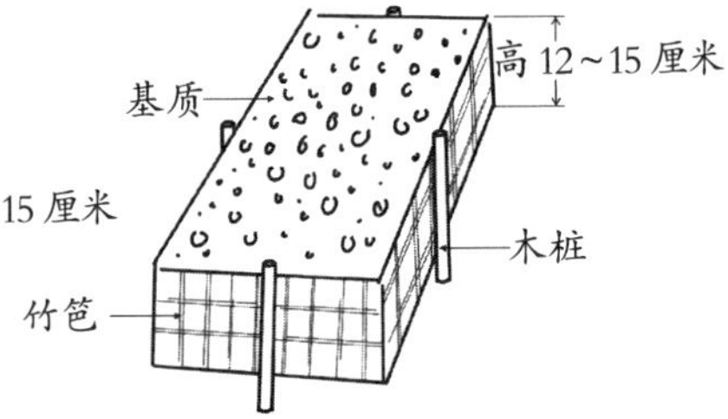

（b）小长方形栽培床

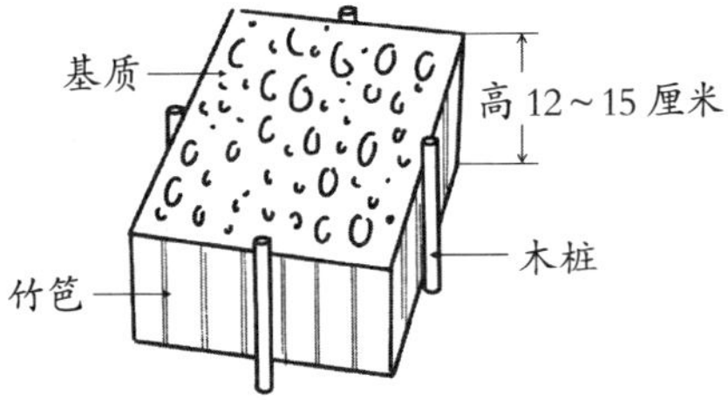

（c）四方形栽培床

图 13　材下栽培小床

（5）木棒排列式床架栽培

木棒排列式床架栽培即利用废树枝（较粗的松木棒、青杆木或废木耳棒），以及树皮粗糙、沟槽深的废细木棒，截成 50 ～ 60 厘米长，4 ～ 5 根平起排列捆绑一起，两头分别用木条或木棒固定，以保持平稳，便于搬动，还可用铁钉固定成小床架。然后在床底下用石头或砖头垫起 20 厘米高，木棒之间缝隙用备好的基质铺在上面，按一丛 3 株的密度栽在基质上，并用消过毒的苔藓覆盖在根系上面。这种仿野生栽培易接地气，下部湿润，而且大小场地都可摆放。此方法无论是在林下或在半阴半阳阴凉湿润的地方均可采用，便于管理和搬运。

（6）林下栽培铁皮石斛，应注意以下几点

一是注意保湿。二是防止树枝阴闭，树枝过密时要进行疏枝。三是注意光射度。四是建立大、小棚，即大棚内套小棚（冬季保温），雨大时遮盖，小雨揭开让其自然淋雨，以基质湿润为宜，无雨时揭开。薄膜棚可以控制温度、湿度，也可以防止冬季冻害。林下栽培一般在5月上旬，即在平均气温18～20℃时栽培。五是及时清除栽培床周围滋生的杂草，以防感染病害和虫害，若发生病虫害时应及时救治。六是防止鼠害及其他野生动物踩踏破坏。七是注意保温防冻，凡冬季气温低于5℃时，应注意保温防冻。可在铁皮石斛床上面用竹片或细竹子及树枝搭成弓形架棚，上面覆盖厚薄膜，必要时薄膜上面再覆盖一层稻草或秸秆、树叶等。此法既可缩短铁皮石斛“假休眠期”，又可使其提前萌动发芽生长，延长了生育期。

上面所述在林下栽培铁皮石斛的方法，仅供参考。应根据当地不同生态环境条件，因地制宜灵活应用，并在实践中不断探索创新。

四、气温对铁皮石斛生长发育的影响

1. 2015—2019年杨凌室外和杨凌房屋阳台内栽培铁皮石斛气温对比表

2015—2019年杨凌室外和杨凌房屋阳台内栽培铁皮石斛的气温对比见表3。

表 3　2015—2019 年杨凌室外与阳台内气温、空气湿度 5 年平均对比
（杨凌海拔 506 米）

项目 月	杨凌月平均气温 /℃	阳台内月平均气温 /℃	杨凌月最低气温 /℃	阳台内最低气温 /℃	杨凌月最高气温 /℃	阳台内最高气温 /℃	空气湿度 /%		杨凌月降雨量 / 毫米	杨凌地区无霜期 / 天	阳台内无霜期 / 天	杨凌始、终霜期
							杨凌室外	阳台内				
1	0.9	15.8	–14.0	12.0	15.0	18.6	62.8	60.4	8.2			
2	4.0	18.8	–9.7	14.0	23.2	20.7	57.2	54.2	6.35			
3	9.1	20.6	–2.8	16.0	29.4	23.5	60.2	57.6	31.5			
4	14.7	22.7	0.5	20.7	31.1	20.0	66	58.6	53.2			
5	19.6	24.2	6.0	19.3	34.9	27.0	62.6	58.2	49.2			
6	23.0	28.2	11.9	25.3	37.3	33.7	64.8	58.6	100.6			
7	26.8	29.3	16.2	26.2	41.9	33.1	67.4	59.1	84.2	214~248	365	始霜期 11 月 10 日— 11 月 15 日 终霜期 3 月 9 日— 4 月 2 日
8	24.4	29.6	14.1	24.8	38.1	34.2	73.0	58.5	92.6			
9	19.1	26.0	8.7	20.6	37.6	30.1	80.6	66.6	107.6			
10	12.6	17.2	–1.8	11.6	28.1	23.7	79.8	71.0	72.2			
11	7.4	16.3	–4.1	10.3	22.9	19.8	75.8	64.3	18.2			
12	1.8	16.7	–10.2	13.3	18.3	20.3	60.7	60.4	3.2			
平均	13.6	22.1	1.2	17.8	29.8	25.4	72.6	60.6	52.2			

2. 杨凌室外气温与房屋阳台内气温对铁皮石斛生长发育的影响

据有关资料分析，杨凌 1 月平均气温为 0.9℃（最低气温为 -14℃），而阳台内平均气温为 15.8℃（最低气温为 12℃）；2 月杨凌平均气温为 4℃（最低气温为 -9.7℃），阳台内平均气温为 18.8℃（最低气温为 14℃）；3 月杨凌平均气温为 9.1℃（最低气温为 -2.8℃），阳台内平均气温为 20.6℃（最低气温为 16℃）；4 月杨凌平均气温为 14.7℃（最低气温为 0.5℃），阳台内平均气温为 22.7℃（最低气温为 20.7℃）；5 月杨凌平均气温为 19.6℃（最低气温为 6℃），阳台内平均气温为 24.2℃（最低气温为 19.3℃）。

根据 7 年间（2014—2020 年）在阳台内栽培铁皮石斛的实践和观察，铁皮石斛最早发芽在 2 月下旬，一般多在 3 月中下旬，平均气温为 18 ～ 20℃时开始发芽。进入 5 月平均气温为 24.2℃，生长稍快。到 6—8 月，平均气温为 28.0 ～ 29.6℃，最高 33℃。此时由于气温高而稳定，铁皮石斛生长较快。据观察，此时期一般 10 ～ 15 天长 1 片叶，三个月可长 16 ～ 17 片叶和 15 ～ 16 个茎节，单株高 24 ～ 26 厘米（前、后期合计）和 18 ～ 20 片叶，17 ～ 19 个茎节，单株高 27 ～ 32 厘米（前后期合计），均属茎节细长和茎节粗稍长铁褐色茎的速生型。也有仅长 10 ～ 15 片叶，茎节 9 ～ 14 个，株高 10 ～ 15 厘米的，属茎节极短矮型类型。进入 9 月平均气温为 24 ～ 27℃时，铁皮石斛生长逐渐缓慢（生长发育阶段性特点），至 10月上旬（平均气温为 20 ～ 23℃），便停止生长，而进入休眠期。以阳台内相同气温下铁皮石斛生长速度，便可预测出杨凌地区自然条件下，铁皮石斛生长的速度。在自然条件下，铁皮石斛5月开始发芽，仅7月至8月（60天）生长，平均气温为24.4～26.8℃，加上5月，仅仅长4～6片叶，3～5个茎节，株高3～5厘米。说明杨凌地区自然条件下栽培铁皮石斛由于前期气温低，持续时间长，仅能在7月和8月生长，加之气温不稳定，所以铁皮石斛生长不高。因此，在杨凌只有采用人工仿野生设施搭建大棚（蔬菜大棚）、温室或在阳台内栽培铁皮石斛才能成功，才能取得较好的效果和效益。

3. 杨凌室外与阳台内气温对铁皮石斛生育期的影响

杨凌无霜期为214～248天，平均235天，无霜期短。铁皮石斛在自然条件下生长，由于1月至4月气温低，从5月平均气温19.1℃起才开始发芽，但因气温低而不稳，难以生长。从6月平均气温23.0℃时才开始生长，7月和8月的平均气温分别为26.8和24.4℃，生长稍快，而进入9月平均气温为19.1℃时，铁皮石斛又停止生长，进入休眠期。由于适宜铁皮石斛生长需求的气温不能满足要求，所以室外的生长发育时期太短。从5月至8月期间，铁皮石斛生育期仅仅110～120天。而阳台内栽培的铁皮石斛，可从3月中、下旬开始发芽，进入5月生长较快（平均气温为24.2℃）。6、7、8月平均气温分别为28.2℃、29.3℃、29.6℃，由于持续高温，铁皮石斛生长快。进入9月铁皮石斛生长速度才逐渐减慢，直至10月上旬，停止生长，其生育期170～200天（因类型不同，生育期各不一样），在阳台内栽培铁皮石斛，延长了生长时间，所以生育期较长。

4. 铁皮石斛“坐苗”（茎顶端生长点中途停止生长）生理现象与气温的关系

铁皮石斛在自然露地栽培时，当春季（4 月下旬至 5 月上旬）气温上升为 18 ～ 20℃，开始萌动发芽生长。而人工仿野生半自然栽培铁皮石斛（大棚、温室、阳台内），于 3 月中旬环境温度上升为 18 ～ 20℃时，开始萌动发芽生长。经过作者多年的反复实践，将人工仿野生半自然栽培的铁皮石斛，在停止生长（9 月下旬至 10 月上旬）之后，于 11 月中旬移进有暖气的室内（恒温），第二年 1 月上旬即可发芽生长。3 月下旬又将加温后的苗子移到阳台内（全封闭），阳台内气温在 22 ～ 24℃，铁皮石斛从发芽至 4 月，共长出 4 ～ 5 片（恒温生长速度较慢），5 月末本应进入快速生长期，但由于 2023 年 5 月初至 5 月 20 日，外界气温骤降为 7 ～ 15℃，且反复交错很不稳定，阳台内温度也随之下降为 15 ～ 20℃，铁皮石斛茎顶端生长点萎缩而停止生长。直到 7 月初又从植株的茎基部重新发芽开始生长，至 9 月上旬长出 4 片叶，而后原植株茎顶端生长点仍继续生长。因此，我们把这一生理现象称为“坐苗”（不再生长），这种现象在多年栽培中首次出现。

过去认为铁皮石斛在春季萌动发芽时间受气温影响，实践证明，铁皮石斛在进入生长时期同样受气温（低温）制约，不仅影响其生长，甚至还会使其停止生长，即正值铁皮石斛进入生长时期，在低温影响下铁皮石斛茎顶端生长点萎缩、衰败，失去再生长能力。而自然露地栽培的铁皮石斛在 4 月下旬至 5 月上旬，当气温上升为 18 ～ 20℃，才开始萌动发芽，尽管气温不稳定，但由于铁皮石斛萌芽较慢，加之又在基质内未露出地面，避免了低温影响。即使铁皮石斛在萌芽时受到低温影响，但由于时间较短，影响不明显。之前人们在生产中未能详细观察，也就很难发现铁皮石斛“坐苗”这一生理现象。而人工仿野生半自然栽培铁皮石斛不同于露地栽培，其前期人工加温提前了萌芽时间。5月时铁皮石斛已经生长出4～5片叶，进入快速生长期，却正赶上气温骤降，阳台内也随之降温，加之人工没有加温，造成铁皮石斛茎顶端生长点细胞受冻而萎缩，丧失了生长能力而出现“坐苗”现象。因此，从时间上来看，人工仿野生（大棚、温度、阳台）半自然栽培铁皮石斛，中途由于没有继续加温，当自然界突然降温数日后，正进行生长的铁皮石斛无法抵御低温影响，方才出现“坐苗”现象。

目前没有研究探索出铁皮石斛在生长期间出现“坐苗”现象的科学依据，为避免在生产中出现“坐苗”现象而造成减产，可以从以下几个方面做好应对措施。

①选育抗寒、耐低温等抗逆性强、生长势旺、丰产的铁皮石斛新品种。生产中可从高寒、低温环境条件下正在生长的铁皮石斛群体中，选育抗寒、耐低温，其单株茎顶端生长点处于低温阶段能正常生长、不萎缩且生长势强的单株作为新品系，加速繁殖选育出新品种用于生产。其次，还可将自然界选育的抗寒、耐低温的单株材料，人工再次设置低温环境条件（15～20℃），若在10～20天茎顶端生长不受冻，不萎缩衰败，依然能继续生长，证明其具备高抗、耐低温、生长势强、丰产，可作为新品种进行繁育栽培。

②提前做好预防寒流、低温袭击准备。当铁皮石斛正在生长时期，首先应及时关注天气预报，了解天气变化情况，

寒流、低温来临时间及降温程度，事前做好预防。可采用电热片提高温度。其次，在无电源设备加温时，可在铁皮石斛上加盖小塑料棚，即大棚内套小棚，同时在大棚、温室、阳台外加盖保温设备，对保温有一定的作用。

③加强铁皮石斛的科学研究。如铁皮石斛在生长期间，细胞分生组织会在低温条件下受到抑制而停止生长，即“坐苗”。需进一步研究，为生产提供科学依据，以减轻或避免自然灾害带来的损失。

5. 杨凌室外与阳台内空气湿度比较

杨凌在自然条件下，年平均空气湿度为67.5%，而阳台内年平均空气湿度为60.4%，从理论上讲相差不大。杨凌自然条件下，空气湿度适宜于铁皮石斛生长。但杨凌属于半干旱地区，年降雨量626.6毫米左右，且分布极不均匀，特别是1—4月和11—12月期间，降雨量少，月平均仅20毫米左右。对铁皮石斛生长不利，加之时而连阴雨、大雨或暴雨，对铁皮石斛生长影响较大。连阴雨使基质内水分饱和、湿度大、不利水、透气性差，铁皮石斛根系长期在水中浸泡，久而久之铁皮石斛感病，加之雨后太阳大，高温、高湿交错，强光照射，根部易腐烂，以及茎叶感病，铁皮石斛会死亡。因此，杨凌地区栽培铁皮石斛，只能在人工仿野生设施即大棚、温室、阳台内栽培，比较稳妥、安全。

五、人工仿野生栽培铁皮石斛的可行性

1. 杨凌和周边地区栽培铁皮石斛的可行性

杨凌和周边地区无霜期短，年降雨量不足，在自然条件

下栽培铁皮石斛，由于温度（低温、高温）、空气湿度难以控制，各种灾害如大风、连阴雨（雨涝）、大雨、暴雨、强光，难以制约。其次，自然界的病害、虫害以及各种动物的破坏等，大大增加了管理难度。因此，无论是杨凌还是周边地区，在自然条件下栽培铁皮石斛困难较大。作者历经 7 年在阳台内栽培铁皮石斛，已取得了初步经验和便捷的栽培技术。在杨凌和周边地区采用人工仿野生设施大棚、温室、阳台内等场地人为创造铁皮石斛生长的生态环境条件，进而栽培铁皮石斛是可行的。

2. 陕西其他地区种植铁皮石斛的可行性

陕南平坝、浅山丘陵地区无霜期稍长，气温相对比较高，适宜铁皮石斛生长。尽管如此，依然还要采用人工仿野生的栽培方式，人为地创造适宜铁皮石斛生长的环境条件，以取得较好的效果、效益。

对于秦巴山区中高山无霜期短的地区，根据当地气象因素、海拔、年降雨量，结合当地实际条件，因地制宜，就地取材，科学采用人工仿野生设施大棚、温室、阳台内栽培铁皮石斛。依据当地气温、参照杨凌在阳台内栽培铁皮石斛各月的气温，预测出当地采用人工仿野生设施大棚、阳台内的气温。在寒冷地区，若冬季气温低，建大棚时可采用厚薄膜、在大棚外覆盖保暖设备或者在大棚内栽培的床架上增设小薄膜棚（用细竹搭成弓棚），即大棚套小棚，确保冬季棚内平均气温在 5℃以上。类似陕南周边地区的平坝、浅山丘陵区，以及无霜期短的中高山海拔在 1 500 米以下地区，采用上述方法栽培铁皮石斛均可。

六、铁皮石斛生长发育与自然因素之间的关系和影响

熟悉和掌握铁皮石斛在不同生长发育时期的规律，与不同自然条件因素之间的关系和影响，有利于在栽培铁皮石斛时，人为创造具备铁皮石斛野生生长的自然环境条件。笔者经过多年实践和观察，初步探索出铁皮石斛生长发育规律及其与自然界彼此之间的关系。现分述如下，仅供参考。

1. 不同类型铁皮石斛的生长、生育期和休眠期的特点及其关系

对引进的铁皮石斛栽培观察，发现各种类型铁皮石斛的形态特征、生育期、休眠期差异较大，初步可分为三大类型，简述如下：

（1）第一种类型

第一种类型为茎节粗，节稍长，节与茎之间粗细特别明显，茎暗紫色或铁褐色，叶片深绿色，呈长椭圆形而大的铁皮石斛。这一类型铁皮石斛茎基部滋生力稍强，即当年一穴中栽 3 株（正常株），可滋生 2 ～ 3 株新苗，来年在上一年新生植株的茎基部，可滋生 3 ～ 4 株新苗。当年滋生的新苗，高度可以长到 27 ～ 32 厘米，叶数 18 ～ 20 片，茎节数为 17 ～ 19 个。同时在当年 8 月，还可以从茎基部滋生 2 株新苗，高 4 ～ 5 厘米。如安徽六安铁皮石斛滋生力比较强，其次是贵州、云南、江西、浙江铁皮石斛群体内分离出的此种类型。从 3 月中下旬，平均气温 18 ～ 20℃时，即可从茎基部萌动新芽，直至9月下旬或10月上旬便停止生长，其生育期180～200天。从 9 月下旬至 10 月上旬起，到来年 3 月中下旬，为休眠期，

150～160天。这一类型铁皮石斛生长特点是生长速度较快，单株营养体高，群体易丰产，属丰产类型，栽培后经济效益高。若检测其成分含量超过国家药典标准时，可以繁殖、扩大生产。

（2）第二种类型

第二种类型为茎节细长，茎和节间粗细无分别，茎绿色，叶片绿色，呈披针形，窄而长的铁皮石斛。这一类型铁皮石斛，茎基部滋生力强，即当年一穴中栽3株（正常株），生长一年时茎基部可以滋生3个新苗，来年又在原基础上可滋生6苗左右（正常苗）。滋生的新苗当年可以长到24～26厘米高。其叶片数16～17，茎节数为15～16个。当年8月还可以在茎基部滋生新苗，高4～6厘米，如福建铁皮石斛。从3月中、下旬滋生新苗，直到9月中旬，茎顶端生长点停止生长，其生育期为175～180天，从9月中旬之后进入休眠期，直到来年3月中下旬，休眠期约为180天。此类型铁皮石斛的特点是生长较快，但茎秆细、比第一种类型茎细，单株产量稍高，易丰产，属于丰产类型。若检测成分含量达到国家药典标准以上时，可进行种植。此类型可同第一种类型铁皮石斛进行有性杂交，从后代中筛选茎基部滋生力强、生长快、长势强、质优、抗性好、丰产的新品种用于生产，取代目前生产上不符合标准，混杂的品种。

（3）第三种类型

第三种类型为茎节极短粗，茎节之间粗细不分，茎暗紫色或铁褐色，叶片绿色，呈椭圆形而短的铁皮石斛。这一类型铁皮石斛，茎基部滋生力稍差，比第二种类型少。当年滋生的新苗可长到10～15厘米高，生长慢，叶数为10～13

片，茎节数 9 ～ 12 个。该类型从 3 月中、下旬长出新叶生长到 9 月上旬，茎顶端便停止生长，生育期约为 165 ～ 170 天。从 9 月上旬后进入休眠期，直至来年 3 月中下旬，休眠期为 200 ～ 205 天。如江西、浙江的铁皮石斛群体中分离出来的此种类型。该类型铁皮石斛生长慢，单株长不高，约为前两种铁皮石斛单株高的 1/3 ～ 2/3，产量低。种植时应筛除此种类型，否则种植后产量低，影响经济效益。但该类型耐湿，抗病性较好，若检测成分超过国家药典规定时，可作为品种资源材料保存，也可同前两种类型铁皮石斛进行有性杂交，从后代中筛选出质优、滋生力强、耐湿、抗性好、丰产的新品种，否则不宜扩大种植。

根据上述各类型铁皮石斛不同的特点，无论是种植户、企业单位，还是想种植的新农户，都需要掌握以下方法。一是可通过现场观察其铁皮石斛的形态特征，包括茎节长短、粗细、颜色、叶片形态及大小、颜色深浅、厚薄、茎基部滋生新苗多少、生长高低、长势强弱、抗病性等，识别出铁皮石斛属于哪一种类型，在成分含量超过国家药典标准要求，综合上述的基础上，全面考察之后可进行引种，以防止盲目引种、乱引种之后造成经济损失。二是根据各类型铁皮石斛的特征，可以预测出不同类型铁皮石斛的生育期、休眠期、产量高低、经济效益等。三是可以掌握各种类型铁皮石斛的生长发育规律，根据铁皮石斛不同时期的特点，特别是在其进入快速生长期时进行科学施肥对提高单株产量有着重要的意义。四是选育新品种。从中筛选出质优、丰产、抗性强的新品种，彻底改变生产上铁皮石斛品种混乱的现象，实现品种纯、质优、标准化生产的目的。五是掌握铁皮石斛茎基部滋生新苗的多少、生长的快慢，可注意栽培密度，科学而合理地解决好个体生长与群体之间争水、争肥、争光等矛盾，达到植株长势强壮、单株产量高、群体全面丰产的目的。

2. 铁皮石斛生长发育和生育期与气温的关系

据观察，铁皮石斛的生长发育受气温影响，但生育期并非受气温影响，而与不同类型铁皮石斛有关。当平均气温18～20℃时，铁皮石斛便从茎基部开始萌发幼芽，后逐渐开始生长（开口长叶，类似鸦雀嘴），当平均气温达到22℃时，营养体开始生长，长叶，茎增长、增粗。但由于4月至5月气温变化无常，忽高忽低，营养体生长较慢。6月上中旬平均气温达到26℃时，铁皮石斛生长稍快，6月下旬至8月下旬期间，由于气温较高且稳定，铁皮石斛进入快速生长期，生长最快。据观察，此时每10～15天铁皮石斛可长出一片新叶（即从叶芽萌出时开始，直到长成一个完整叶片），同时增加一个茎节（长度）和增粗。这一阶段是铁皮石斛获得单株高产（即茎节生长最快）和群体丰产的最佳时间。

9月初开始日平均气温在24～26℃，此时平均气温与6月上、中旬相同，又比5月气温高（自然气温），铁皮石斛本应继续生长，但有些类型的铁皮石斛茎顶端生长点逐渐停止生长。其特征是茎顶部节间由粗变细，节间变短，叶片逐渐变窄而短。如第一种铁皮石斛，其茎节粗而稍长，叶片深绿色，呈长椭圆而大的类型，9月下旬（平均气温24～27℃）至10月上旬（平均气温20～30℃），茎顶端生长点停止生长；第二种类型是茎节细长，茎节之间一样粗，叶片绿色，呈披针形且窄的铁皮石斛，于9月中旬（平均气温23℃），茎顶端生长点停止生长；第三种类型是茎节极短粗，节和茎粗细一样，叶片绿色，呈椭圆形而短的类型，于9月上旬（平均气温24～26℃），茎顶端生长点停止生长。这足以说明，不同类型的铁皮石斛生育期不同，与其他农作物一样，分早、中、晚熟品种。由于类型不同各生长发育有阶段性，即生育期不同。并非在适宜温度条件下就可继续生长。因此，在生产上熟悉和掌握各类型铁皮石斛生长发育的特点和生育期的时间，从栽培上及时加强田间管理，特别是科学用肥，及时追肥，以达到既要单株生长快（高），又要实现群体丰产的预期目的。

3. 铁皮石斛营养体生长与生殖生长的关系

铁皮石斛从当年茎基部萌发新芽开始，随着气温的升高，长叶、茎增高、增粗，特别是从6—8月，平均气温28～33℃时，在肥足、基质湿润的情况下，营养体生长最快、生长旺盛长势强。但因类型不同，分别于9月上旬、中旬、下旬至10月上旬，茎顶端生长点停止生长，进入休眠期。来年春季植株顶端生长点，因丧失再生长能力，既不能往高生长，茎秆也不能再增粗，而于5月至6月期间，从茎顶端由上而下1～5节处抽出花枝（含花蕾）或从茎的中、上部抽出花蕾开花，进入生殖生长。一般先由下部花蕾先开，依次由下而上直到整个花蕾开完。据观察，一朵花从花开至花败需10～12天，而整个群体花期为25～30天。

铁皮石斛在野生环境下，开花后全靠蜜蜂等昆虫采蜜相互授粉结果，人工仿野生大棚、温室、阳台、庭院、林下或石崖上栽培时，因上面覆盖有薄膜，蜜蜂无法采蜜授粉。为了扩大繁殖需采收种子时，可采用人工授粉获得种子，9月成熟后，即可完成生殖生长，将果实摘下做繁殖材料。

当铁皮石斛完成生殖生长之后，其茎秆上叶片由下而上逐渐发黄，久之脱落，茎秆失去光泽，外表皮发白，到第三年时，叶片几乎掉光，茎表皮全发白，用手搓时可脱落，同时茎秆显现沟槽，茎节处显出一道黑圈。说明茎基部气生根发黄衰败，不能从基质内吸收水分和营养物质，植株慢慢发黄、枯死。因此，铁皮石斛单株一般从生长到第二年秋季，应及时将茎采收入药，不能拖至第三年采收，否则影响品质和产量，更重要的是影响茎基部滋生新苗，易感染病害。有关气温、空气湿度的资料，来源于作者在阳台、大棚内连续5年（2015—2019年）每天早、中、晚规定时间的记录。依据上述气温观察铁皮石斛在不同时期的生长发育规律，记录其生育期、休眠期的天数。由于并非是当地自然界气温（天气预报资料），故仅供参考。各地栽培铁皮石斛时，可依据自设大棚、阳台、温室、林下栽培气温，来确定铁皮石斛生育期、休眠期变化的具体时间。同时再结合当地天气预报，提出科学依据，测出铁皮石斛的生长发育规律以及其生育期、休眠期的季节和时间。

4. 不同栽培方法对铁皮石斛的影响

通过实践和观察，凡栽植铁皮石斛时，将茎基部气生根稍露出在基质外和茎基部及气生根全栽入基质内，其气生根和滋生新苗生长表现不一样。

（1）铁皮石斛茎基部和气生根稍露出基质外栽法

采用这种方法栽培铁皮石斛后缓苗快，延长了生长期。

这是因为原有植株上气生根能及时吸收到水分和营养物质，缓苗后茎基部很快滋生出新的气生根，从基质内吸收水分和营养供给植株生长，而茎基部在光照下很快滋生新苗。

（2）茎基部和气生根全栽入基质内

生产上多将茎基部和气生根均载入基质内栽培铁皮石斛。由于茎基部和气生根栽入基质较深，基质内密闭，透气性差，植株根系紧贴在一起，甚至伤到根系，所以缓苗慢。栽后仅依靠植株本身营养维持生命活动，造成栽后叶片萎蔫，叶片无光泽，缓苗重，生长时间长。

因此，生产上宜采用第一种方法较好，若栽植过深，可用手握住苗，稍向上提，让其茎基部和气生根稍露出一部分即可。

（3）茎基部全栽入基质内对滋生新苗和气生根的影响

在栽培中发现，凡铁皮石斛茎基部全栽入基质内时，茎基部下面滋生新苗和气生根能力均差。这是因为铁皮石斛茎基部 1 ～ 2 节长期处在密闭、水渍环境条件所导致，违背了野生铁皮石斛于自然生态环境条件下，茎基节和气生根裸露在外的自然状态。实践证明，茎基部 1 ～ 2 节稍露出基质外时，易于滋生新苗和气生根。这是因为，植株茎基 1 ～ 2 节露在外时，湿度适宜，周围无水渍，加之光照充足、透气，同时根系又能从空气中吸收水分和营养等，所以茎基部 1 ～ 2 节易于滋生新苗和气生根，而且生长较好，栽培时切忌全埋入基质内。如果出现这种情况，应将基质扒开露出 1 ～ 2 茎节和少部分气生根在外。其次，若栽植的基质时间过长导致不利水、不透气时，可用细竹棒从上至下，间隔一定距离插几个孔洞，让基质利水透气。

（4）茎基部气生根生长对滋生新苗生长的影响

当茎基部滋生出新苗后，很快在苗基部周围滋生出新气生根。初期气生根为白色，随着生长扎入基质内，露在外面的气生根在光照和空气作用下逐渐变为绿色且粗壮。可从基质内吸收水分和营养，而裸露在外的气生根，又可从空气中吸收水分和营养，所以滋生的新苗生长快、长势好。

（5）茎基部滋生新气生根全裸在外对气生根生长的影响

铁皮石斛的茎基部 1 ～ 2 节露在外时，易于滋生气生根，但由于管理不到位（喷水不及时），气生根生长受到影响，加之空气干燥，特别是在夏天温度高，空气干燥时，易导致气生根外表失水、逐渐皱缩，表面无光泽，根系生长慢，不仅气生根本身生长受到影响，而且也影响到植株的生长。若出现上述情况，应及时喷水，每天喷 2 ～ 3 次水在气生根上。其次，对全裸在外的气生根，用基质掩盖部分根系，以防干燥死亡。

总之，应根据铁皮石斛生长发育规律和生长特点，掌握栽培方法，并及时抓好管理，人为地创造铁皮石斛与野生相似的生态环境条件。这样就能种植成功，提高单株产量，以达到群体丰产，增加经济收入的目的。

5. 床式和盆栽基质利用年限对铁皮石斛生长的影响

铁皮石斛野生在崖壁上时，多与地衣、苔藓、蕨类等混生在一起，加之石崖壁表层常受风吹、日晒、雨淋作用，逐渐风化形成类似于土壤的物质，同时山上林木树叶落下及枯枝腐烂，形成腐殖质，既疏松又透气，其营养被铁皮石斛根系吸收，有利于铁皮石斛生长繁衍后代。

人工仿野生栽培铁皮石斛，创造了类似于野生的生态环境条件，即利用树皮、树叶等多种原料做成基质，以适应利于铁皮石斛生长的环境条件，加之人工在水、肥管理上的特殊供给，因而有助于铁皮石斛的生存和生长。人工仿野生大棚、温室、林下、庭院、阳台等场地栽培时，无论利用床式或盆栽，还是人工在崖石上打缝、孔洞等方法，由于基质利用时间较长或比例过大，人工组配的基质会逐渐腐烂，特别是树叶等体积小的基质混在一起，基质腐烂后会导致内部密闭、不利水、板结、透气性差，造成铁皮石斛生长缓慢，基部易感病，根系发黄枯萎。

实践中发现生长缓慢、长势弱的植株，扒开其基质时，气生根均长势弱、发黄、根系腐朽。凡基质疏松（树皮块稍大），内部细末少，湿度适中的铁皮石斛根系生长都较好。特别是部分茎基部 1 ～ 2 节和气生根少部分裸露在外，根系呈绿色，粗（比基质内根系）且发达，其上部植株长势强，茎叶光泽亮。由此足以说明，无论是床式或盆栽铁皮石斛基质利用时间过长，均会影响到铁皮石斛的生长。从实践中探索，一般基质利用 4 年左右倒换一次较好。

方法：一是重新配置基质；二是新基质同利用过的基质（经晒干筛去细末）混合搭配，可节省原料；三是改进基质处理方法节省工序。除采用蒸煮消毒杀虫的方法之外，改单一水浸泡基质为水肥、农药一次性处理基质。将原料（树皮、树叶等原料）先与腐熟的农家有机肥（牛粪、羊粪、猪粪、油饼等）混合用水浸泡 1 ～ 2 个月，让其充分腐熟发酵后再用原液 500 克，兑水 1 500 ～ 2 000 克，即 1 ：（3 ～ 4）比例，然后按基质多少，加入溶液量，同时按比例加入多菌灵或甲基托布津和杀虫剂，一起浸泡 5 ～ 7 天，让基质充分吸收，然后捞起沥干备用。经过上述方法处理后，基质既充分吸收到水分，又将肥料贮存在基质内，而且还能起到灭菌杀虫的作用。栽培铁皮石斛时再装盆或铺垫（床式），省事、效果好。当铁皮石斛栽植后，根部接触到基质，便可以吸收到营养，避免了“断奶”而影响到植株生长。由于在基质处理过程中，能充分吸收到肥液而库存起来，故铁皮石斛栽植后，根系可充分吸收到营养，而且肥效释放时间长，铁皮石斛自然生长健壮。

6. 空气湿度对铁皮石斛高腋芽、气生根滋生和生长的影响

铁皮石斛当年生植株，一般茎中、上部或茎顶部不滋生高腋芽。主要在第一年生长的植株，到第 2 年或第 3 年时，茎顶端生长点丧失再生能力，因此，不能继续往高生长。在条件适宜时，便从茎秆中、上部，茎顶处滋生出新芽苗称“高腋芽”。当高腋芽长出时，便从新芽基部逐渐滋生出 4 ～ 7 根不等的气生根，长 4 ～ 6 厘米，个别气生根长 10 ～ 12 厘米，并紧贴茎直到茎基部。气生根先由白色发亮，又逐渐转变成绿色。高腋芽长成单株后，一方面从母体内吸收水分、营养，另外又通过本身滋生的气生根从空气中吸收水分和营养供给植株生长。

除营养供给之外，高腋芽基部气生根滋生的多少、生长的长短、长势等均与空气湿度有着密切的关系。空气湿度适宜（60% ～ 80%）时，气生根滋生多，长得快，粗壮，但空气湿度不能超过 90%，否则易感病。相反，若空气湿度小、干燥，特别是夏天高温、空气干燥，空气湿度不能低于

30%，否则，对气生根生长极为不利，不仅铁皮石斛生长不好，气生根还会因空气干燥、湿度低导致根系生长细弱，长势慢，严重时表皮萎蔫、发黄，叶片生长无光泽。出现上述情况时，应进行人工喷雾或挂湿麻袋、湿布单，让其水分蒸发增加空气湿度。若夏天高温、干燥时，可在12时前或16时后，喷雾增湿，切勿在12时至16时之间进行，否则植株在高温高湿条件下易感病，对铁皮石斛生长不利。其次，也可在地面上喷水增湿。

铁皮石斛扩大繁殖无种苗时，可保留高腋芽生长，当其长到5～7厘米高时，从气生根下部1～2厘米处，用剪刀剪下栽植。若当时不栽，则应加强管理，常对高腋芽及气生根喷雾，冬季每天对高腋芽和气生根喷水2～3次，使其保持湿润，否则，气生根易于干枯，加之冬季气温低，植株易于死亡。若不需要高腋芽时，应该在刚出芽时就用手掐掉，或及时将母株采收入药，让茎基部重新滋生新苗。否则，母株与高腋芽植株同时生长，彼此之间争水、争肥，两者均生长不好，其母株耗水、营养体不坚实，折干率低，又影响品质。高腋芽植株因生长期短，长不高，出售时又不符合商品规格要求，不如及早处理掉，保全母株。

从几种铁皮石斛类型观察，高腋芽滋生与铁皮石斛品种类型有关。引进的铁皮石斛中，在同样条件下，有的类型不滋生或个别单株滋生，而有的类型则滋生较多，说明品种类型的选择很重要。在引种时可作为一个特殊标记。可以在2～3年单株上着生高腋芽多少来鉴别，以此作为依据，可选择无高腋芽类型的品种进行栽植。

7. 水的质量对铁皮石斛生长的影响

铁皮石斛生存除适宜的基质外，主要依赖于水（湿度）。水多湿度就大，这直接关系到铁皮石斛的生存和生长。野生铁皮石斛主要依赖于自然降水和石缝渗出的水来维持生长。自然降水和山里暗石洞、石缝、地下渗出的水等流入沟中，这些水含有丰富的矿物质，多为微酸性（pH 6.5），水质好，浇灌铁皮石斛效果好。人工在山区仿野生栽培铁皮石斛地域水源丰富，但人工仿野生栽培铁皮石斛场地在远离河流的平原，或无河流的农村、城市只好用自来水进行浇灌。但自来水均来源于自来水厂，是将天然水用次氯酸钠进行消毒处理后，作为饮用水。自来水里的矿物质少，pH 在 7.0 左右，呈微碱性，经处理后的水，远不如前者。在实践过程中，作者探索出可采用腐熟有机液体肥，按一定的比例兑水浇灌效果比较好。既解决了水的质量，又调节 pH（微酸性）使之达标，提高了水的质量。具体配置使用方法，参照肥料对铁皮石斛生长的影响部分。其次，在栽培过程中，千万不能利用污染水和废水进行浇灌，以防产生毒害。

8. 光照对铁皮石斛生长的影响

野生铁皮石斛多生长在半阴半阳的崖壁上，喜阴凉环境条件。但在生长过程中，也需要一定的光照，叶面才能进行光合作用，叶绿素将转化的物质供给植株生长。倘若全处于阴凉、湿度大、无光照的环境，就会使茎秆生长幼嫩、细弱、抗倒抗病性差，单株产量较低。因此，在铁皮石斛整个生长过程中，需要一定的光照条件。栽培中应保持透光率在 50% 左右，不能用直射光照射。直射光对铁皮石斛生长不利，叶片易灼伤，叶绿素坏死。林下栽培铁皮石斛，上有树枝、树叶遮光，若树枝、树叶密度过大时，应疏去一部分，以达到透光率40%～50%。人工大棚、温室、阳台、庭院栽培条件下，由于上盖薄膜或玻璃等设备，已将直射光变为折射光。但夏天太阳大，光照强，为防止光照过强，影响铁皮石斛生长，可在薄膜上搭设遮阴网或其他覆盖物遮光。也可以在大棚周围种植茎蔓长的植物，如丝瓜、苦瓜、吊瓜、瓜蒌、葛根等，利用茎蔓进行遮光。中途茎蔓生长过密时，可疏去一部分茎蔓，透光率保持在40%～50%。其次，大棚内若采用立体式（台阶式、立柱式）栽培铁皮石斛，顶端不宜靠薄膜太近，以防光强时烫伤叶片和植株。

9. 肥料对铁皮石斛生长的影响

铁皮石斛长势强弱、产量高低与肥料有着密切的关系。自然界铁皮石斛生长过程中，所需营养一是靠降水，二是靠周围环境的地衣、青苔、藻类、落下的树叶等腐烂后提供。而人工仿野生栽培铁皮石斛不同于自然界，一方面靠基质腐烂后提供营养，另一方面主要靠人工追肥补充营养，这样铁皮石斛才能生长得快、长势强、抗性强。因此，铁皮石斛生长的好坏，取决于如何科学用水、科学供肥。但铁皮石斛对肥料要求比较严，如肥料种类、施肥时间、施肥量、不同生长发育阶段需什么肥、施肥方法等。若施肥不当反而造成肥害，影响铁皮石斛的生长、品质和疗效，甚至对人体造成危害。作者通过实践，探索出铁皮石斛宜以农家腐熟的有机液体肥或者农家腐熟有机颗粒肥和粉末肥，施后效果好。故可在此基础上配施多元复合肥，结合喷施叶面肥。

（1）农家腐熟有机液体肥

①农家腐熟有机液体肥：如牛、羊、猪等动物粪便，油饼均含氮、磷、钾为完全肥料。肥效快，持效长，无残留物，水肥结合便于吸收。生产上应重视施用农家有机液体肥。

农家液体肥配置方法：将腐熟的农家有机肥，先浸泡20～30天，让其充分腐熟发酵。在浸泡中按比例加入多菌灵或甲基托布津和杀虫剂。既灭菌，又杀虫，以防肥液带病菌和虫体，侵害铁皮石斛。当肥液腐熟发酵后，大苗取原液500克，兑水1 000～2 000克，即1 ∶（2～4）；小苗取原液500克，兑水2 000克，即1 ∶ 4，用水兑好后，浇灌铁皮石斛。

②农家有机颗粒、粉末固体肥：即将腐熟的农家有机肥，晒干粉碎成粉末（也可以加少量的磷肥、钾肥），滚制成颗粒或压成小片（类似中药片剂），也可用粉末直接施用。但制作时均应加入多菌灵和杀虫剂。将制成的颗粒、片剂、粉末存放备用。栽培中可做底肥或追肥，尤以在自然界（山坡、石崖上）施用方便。目前市面上均有农家有机颗粒、粉末肥销售。

（2）合理配施多元复合肥，结合喷施叶面肥

在施用农家腐熟有机液体、颗粒、粉末肥的同时，也可搭配施用多元复合肥。多元复合肥均含氮、磷、钾，施后效果较好。但由于肥料中含有残留物，会影响品质和疗效，尽量少施或者不施。可作为补助性肥料配合错开使用。均可作为底肥或者追肥用，但用量不宜过大，否则，会烧根造成植株死亡。

（3）施肥时间

室外露地、山坡、林下栽培铁皮石斛，追施农家有机液

体肥宜选阴天，上、下午追施均可，太阳大、光照强时，中午不宜追施，应选择 17 时后进行。一是防止蒸发；二是 17 时后追施，夜间有利于根系吸收。其次，雨天不能追肥，以防流失。在人工大棚、温室、庭院、阳台等场地种植时，应根据铁皮石斛生长状况随时追施。

农家有机颗粒、片剂、粉末肥及多元复合肥，在自然界宜选雨前或雨后追施，或者基质湿润时追施，无雨或湿度小时追肥后立即浇水，有利于肥料溶化，被根系吸收。太阳大光照强时不宜进行，此时追肥后湿度小，空气干燥，易伤根部。可在17时后进行，追肥后立即浇水，使肥料夜间溶化被根系吸收。

（4）肥料浓度、追施次数和用量

①农家有机液体肥：可根据苗的大小（组培苗、驯化苗、新滋生苗）的生长年限、根系、长势强弱、温度、湿度（基质）、肥液浓度等多种因素来确定用量。

组培苗、新滋生苗：组培苗一般栽后时间短，植株主要靠自身营养体水分维持生命。当栽植数日后，根系才能从基质内慢慢吸收水分和营养物质，输送到茎顶端生长点及叶片，开始长出新叶。由此可证明组培苗已成活进入生长，便可供应营养（肥料）。施肥原则是水肥结合、液体肥料浓度宜小。即 500 克原液肥，兑水 2 000 ～ 2 500 克。茎基部滋生的新苗，根系长出较短且幼嫩，或长入基质，吸收养分能力差，追肥时宜以清淡肥料浇施。一般小苗 7 天左右可追施一次。无论是栽植的组培苗还是新生小苗，随着植株不断生长，追施肥液浓度可逐渐增大，以保证植株对营养的需求，达到快速生长的目的。

大苗、驯化苗、1 ～ 2 年生植株：追施液体肥的原则是肥水结合，肥液浓度宜大，以确保铁皮石斛在生长时期对营养的需求。在自然露地、人工设施大棚、温室、阳台内等处栽培铁皮石斛时，在 6—8 月的生长时期，温度湿度适宜时，追施肥液浓度以 500 克原肥液，兑水 1 000 ～ 1 500 克，即 1 ：（2 ～ 3）。一般每 5 ～ 7 天左右追施一次。

无论是小苗或大苗，追肥时，事先不宜浇水，在基质干燥时浇施最好，便于根系吸收。若基质湿度大或已浇水则不宜施肥，否则易导致基部基质形成水渍，透气性变差。

根据作者多年观察，铁皮石斛在生长期适时追施液体肥，特别是在 6—8 月的快速生长期，肥水足时，根系发达，呈绿白色，粗壮，湿润；茎秆饱满，肉嫩，光亮；茎顶端生长点出叶快，叶片角质厚，嫩绿，光泽好。倘若肥水供应不及时或缺乏营养，则根系干瘪发黄、老化、生命力差，且植株茎秆尤以中下部干瘪、粗糙、沟槽深，表皮发白开裂、老化；茎顶端生长点长叶慢，叶片暗绿色、肉质化、无光泽，生长慢。依据上述植物特征和表现，说明这些现象都是由于缺乏营养元素和供肥不及时造成的。因此，在整个铁皮石斛生长期间，掌握好供肥时机，对提高铁皮石斛单株产量和实现群体丰产有着重要的意义。

②农家有机颗粒肥、片剂、粉末肥：一般小苗不宜用，多在大苗植株追施较好。10 ～ 15 天追一次，每穴施颗粒或片剂 5 ～ 8 粒。在自然界追施时可扒开基质把肥施在下面，或施后用少量基质掩盖，以防肥料溶化后蒸发。为了及早让根系吸收，水源方便时，追后应立即浇水。也可在基质湿润时

进行追施。上述肥料既可做追肥，也可做底肥使用。

③多元复合肥：一般小苗不宜用。多用于大苗或生长半年以上的植株。追施时根据植株生长情况灵活掌握。一般每穴追 6 ～ 8 粒（散开），深施较好。即扒开基质施在下面，或施后掩盖均可。以雨前或雨后或趁基质湿润时追施较好。基质干燥时，施后应立即浇水，以利于肥料溶化植株吸收。大棚、温室、庭院、阳台内随时都可追施，一般情况下少施，否则导致植株易烧根死亡。

④叶面喷肥：根据铁皮石斛生长情况，在追施上述各种肥料的同时，在不同时期，喷施叶面肥。一般可用 0.2% 磷酸二氢钾肥溶解在水中进行叶面喷施。叶面喷施多在大苗和 1 ～ 2 年生植株上，根据叶片生长、颜色变化情况使用，10 ～ 15 天喷施一次。自然界栽植铁皮石斛不宜在太阳大或强光下进行，林下或贴树栽培可进行。但雨天或下雨前不能喷施，否则，喷施后雨水冲刷会使喷施的肥液失效。此外，也可喷施硝酸钾肥和生长素等。

总之，铁皮石斛在整个生长过程中一定要科学用肥。特别是在自然界栽培时，应注意天气变化，根据温度、湿度、干旱、雨水等多种因素追施不同肥料，确定次数和用量，灵活掌握应用。而且需要注意几种肥料不宜同时一起追施，否则易产生肥害，适得其反。

10. 不同基质种类对铁皮石斛生长的影响

目前，栽培铁皮石斛用的基质种类较多，但无论是哪一种基质资源都必须有利于铁皮石斛的生长。

作者从实践中观察到，铁皮石斛宜以松树皮、松树果、树枝稍加工后做基质较好。其次是青杆树皮、做木耳棒后的废皮。松树皮（果）皮厚、沟槽深、皮质吸水性好，也易于贮藏水分和释放水分，做基质空间间隙大、不密闭、利水、透气性好，腐烂后又是肥料。青杆树皮、木耳棒废皮同样具有上述特点。其次是青苔，它是铁皮石斛很好的附生植物，彼此相互依赖，青苔既能给铁皮石斛提供营养，又可以防止水分蒸发，起到很好的保护作用。

各种树叶都是很好的资源，做基质后，在未腐烂之前有利于铁皮石斛根系的生长，但在腐烂后，即成一团稀粪，黏结在一起，造成基质密闭，不利水，透气性差。其他如锯末、刨花、谷壳以及体积小的资源做基质，同样易造成基质密闭，虽然腐烂后能够成为肥料，但由于其密结在一起，不利水，不透气。这些对铁皮石斛根系生长及其上部营养体生长均不利。对上述资源利用时，搭配宜少不宜多。总之，生产中应注意基质资源的选择，科学合理搭配。

11. 不同类型铁皮石斛茎基部滋生新苗的生长与其利用

铁皮石斛一般在春季平均气温 18 ～ 22℃时，从茎基部滋生新苗（大棚、温室、阳台栽培于 3 月中下旬）。但也有个别类型铁皮石斛的单株，不仅在春季可以滋生，而且在 7—8 月期间也可以从茎基部滋生新苗，当生长到 10 月上中旬时便停止生长。一般生长 5 ～ 6 厘米高便同春季滋生苗一样进入休眠期，来年植株茎顶端不再继续往高生长，这种苗称为“无效苗”。由于生长期间短、营养体小，不能采收入药出售，商品利用价值不大。对于“无效苗”生产上只能做繁殖材料用，即将滋生的小苗于春季分株进行栽植。

12. 掌握铁皮石斛的休眠期规律和特点

在实践中，发现铁皮石斛因类型不同各自的休眠期时间也不一样。从3月中下旬铁皮石斛由茎基部滋生新苗（大棚、温室、阳台内栽培），当生长到9月下旬至10月上旬时，便停止生长而进入休眠期。2019年12月18日时，作者从群体中发现个别单株，在平均气温18℃左右时（阳台内），由茎基部滋生出新苗，从铁皮石斛停止生长至萌芽，其休眠期为83～90天。为了探索铁皮石斛植株茎基部滋生新苗的确切时间，将3种不同类型的铁皮石斛于2019年12月22日移进室内（已有暖气），人为创造温暖的气温条件进行观察，在平均气温20～24℃的恒温条件下，铁皮石斛于2020年1月18日（第28天）从茎基部开始滋生新苗。以此时间推算出铁皮石斛从停止生长（2019年9月下旬）至出苗时间（2020年1月18日）为113～115天，进而揭示了铁皮石斛休眠期的奥秘。

由此可见，无论是哪一种类型的铁皮石斛，在各自停止生长后，必须经过一段“休眠期”，即本身“生理”特性进入休眠期，称为“生理休眠期”。在铁皮石斛的“生理休眠期”结束后，本应开始萌动发芽，但因外界条件（温度）的影响而无法萌动发芽，仍然处于休眠状态，这个时期就叫作“假休眠期”。通过上述实验及观察，已经揭开了铁皮石斛在自然条件下完成生长发育阶段后进入“假休眠期”（9月下旬至翌年4月）的奥秘，即由于铁皮石斛长期处于在低温条件下，受客观因素影响，本应在完成“生理休眠期”后萌动发芽，却无法萌动生长。

过去将铁皮石斛从秋季停止生长至来年春季发芽之前确定为休眠期。但从阳台和室内观察，足以证明铁皮石斛休眠期可分为“生理休眠期”和“假休眠期”。当人为创造温暖的气温条件时，铁皮石斛在“生理休眠期”结束之后即可萌动发芽，不再经过“假休眠期”。从阳台栽培的个别单株于12月18日滋生新苗中得到启示，将铁皮石斛移进室内于20～24℃气温条件下，也能从茎基部滋生新苗。这一事实充分证明了铁皮石斛在生长发育阶段完成之后，进入休眠期，可分为“生理休眠期”和“假休眠期”，分别为83～115天和约110天。

事实证明，当铁皮石斛完成“生理休眠期”时，人为加温，可大大缩短“假休眠期”，相应延长了铁皮石斛的生长期。即在阳台、大棚或温室内栽培的铁皮石斛，可从原来的2月下旬至3月下旬滋生新苗，提前到上一年的12月下旬或来年的1月上旬。铁皮石斛从1月至9月生长期为270～280天，比原来延长了90天左右。

为了证实“假休眠期”，作者于2020年11月中旬至2023年11月中旬，反复5次将铁皮石斛移入有暖气的室内进行试验，均于12月下旬至次年1月上旬，从当年生植株茎基部滋生发芽长出新苗。通过5年试验证明，铁皮石斛“休眠期”分为“生理休眠期”和“假休眠期”（环境条件影响而继续休眠）这一论断是正确的。同时，又发现个别2年生单株茎基部也会长出新苗，3年生单株没有长出（可能是表皮老化，细胞再生能力差）。2～3年生植株茎顶端因生长点衰败，不能再生长。1～2年生单株茎上部长出高腋芽，甚至个别单株开花，这与作者多年的观察结论是一致的。

因此，我们对铁皮石斛休眠期，应提出新的理论概念，即休眠期应分为“生理休眠期”和“假休眠期”（环境温度因素制约而继续休眠）。前者休眠是属于“生理休眠”，由其本身生理特性所决定，无法改变。后者“假休眠期”是因为植株在生理休眠期后，本应发芽开始生长，但由于温度条件达不到要求，故不能发芽而继续休眠。若此时人工创造条件加温至20℃时，即可使其发芽生长，不再经过“假休眠期”，或者缩短“假休眠期”。这与前辈学者提出铁皮石斛在平均气温16～18℃时，可发芽生长的观点是一致的。

综上所述，我们在生产中，可以大胆预测在铁皮石斛进入“生理休眠期”约80～90天，提前10～20天在大棚或温室内进行加温（采用电热、供暖、灯光等设施），可从11月中旬开始加温，在平均气温20～24℃时，铁皮石斛从生理休眠期之后便可从茎基部发芽，进入幼苗期生长。随后从2月开始，逐步提高到平均气温26～30℃，同时，加强肥水管理，铁皮石斛在2—5月（120～130天）逐步进入快速生长期。当进入6月时，可停止加温，此时大棚、温室内自然平均气温26～30℃，铁皮石斛依然处于快速生长时期。因此，铁皮石斛在大棚、温室内，从1月至9月都在生长，大大延长了铁皮石斛的生长期。以速生型铁皮石斛为例，平均气温稳定在28～30℃时，按每10天长出一片叶计算（多年观察），铁皮石斛在250～280天的生长时间里，可长出25～28片叶，茎节24～27个。若按10～15天长一片叶，平均12.5天长一片来叶计算，生长时间内可长20～27片叶，茎节 19 ～ 26 个。铁皮石斛在 1—9 月期间，平均气温稳定在 28 ～ 30℃时，若加强肥水管理，单株还会长得更高。

尽管这一措施有利于铁皮石斛快速生长和延长其生长期，但在大棚、温室内加温势必增加开支，在条件允许时可采用此法。在条件不具备时，铁皮石斛进入休眠期后，特别是在冬、春季，可在大棚、温室外加厚覆盖物，起到增温、保温的效果。同时，还可在大棚、温室内的床架上，再用薄膜覆盖，即大棚套盖小棚，起到增温、保温作用。但后者效果无前者效果明显，无论是哪一种方法，生产上都应根据当地条件、经济状况来灵活应用。

作者通过实践，首次揭示和发现了铁皮石斛由野生变人工栽培至今，“休眠期”的奥秘及其生长发育的规律。即铁皮石斛由停止生长到来年春季（5 月上旬自然界）发芽生长之前，统称为铁皮石斛“休眠期”的谜团。“生理休眠期”是铁皮石斛生长发育阶段其生理特性所决定，即生长到一定时期（10 月上旬）茎顶部生长点生殖能力衰败停止生长而进入休眠，无法改变；“假休眠期”是铁皮石斛在“生理休眠期”之后，本应开始生长发育，但由于环境条件（温度）影响不能萌动发芽生长而继续处于休眠状态。这一新发现科学地揭开了铁皮石斛“休眠期”的奥秘。从实践上和理论上科学地论述了铁皮石斛“休眠期”的新概念。实践证明，当人们掌握了铁皮石斛“生理休眠期”的大致范围，大约在 70 ～ 80 天（10 月至 11 月）时，再人为创造条件加温（20 ～ 24℃的温室、大棚内），于 12 月下旬至翌年 1 月上旬左右便可使铁皮石斛从茎基部滋生新芽开始生长（5 年反复试验验证结果表现一致），不再度过“假休眠期”或缩短休眠而开始生长发育，自然延长了其生长期，即由原来生长期的 170 ～ 180 天（5 月至 9 月），延长为 270 ～ 280 天（1 月至 10 月上旬）。这一奥秘的揭示和生长发育规律的发现，是铁皮石斛栽培技术上的创新，对于指导和发展铁皮石斛生产、提高产量、增加经济收入有着重要的意义。

13. 识别铁皮石斛的类型，防止盲目引种

从多年栽培观察发现，凡是单株茎较粗，节间稍长，生长较快，株高在 20 ～ 33 厘米，叶片宽而长，即长椭圆形；花苞大，花瓣大的铁皮石斛和茎节细长，茎和节粗细不明显，叶片呈披针形，绿色，叶顶端较尖，花较大，乳黄色，株高 20 ～ 30 厘米的铁皮石斛，单株产量都较高，属丰产类型。如贵州、云南、福建、浙江、安徽个别类型的铁皮石斛。凡是茎节短粗、叶片宽而短或窄短的铁皮石斛，一般生长慢，株高在 20 厘米以下，花苞小、瘪瘦、花瓣小，其单株和群体产量低，如江西、安徽等地部分类型及霍山石斛。种植户或生产基地引种时，可依据上述特点结合品质，作为标记进行识别，以防盲目引错品种。

14. 探索基质新资源，科学合理搭配应用，不断创新

当前，栽培铁皮石斛选用的基质有：松树皮、松树果（树枝梢）、木耳棒废料皮、树叶、做香菇后废料、刨花、锯末、青苔、蕨根、木炭等。类似上述的资源多产于山区。然而在平原（坝）、丘陵地区这些资源极缺，倘若在山区购买，既不经济又不便于运输。因此，除上述已利用的资源外，应广泛探索，就地取材。

（1）开发新基质资源利用途径

①探索新基质利用途径：经过试验，玉米芯、稻谷壳可以作为基质原料补充应用。玉米芯来源广泛，全国各地均产玉米。无论是北方、南方还是山区、平原、丘陵地区，分布广，玉米种植面积大，资源极其丰富。其特点是吸水、贮水性好，腐烂后又是肥料。但使用前，要先将玉米芯粉碎成直径 0.8 ～ 1.0 厘米的小块，然后反复用水浸泡数天，排除甜味，再经高温堆沤，药剂处理后使用。稻谷壳来源丰富，凡是产水稻的地区均有。用之前须经高温堆沤使其易于腐烂，并用药剂进行处理。这两种资源尽管经过试验可用做基质，但仍需进一步探索，总结经验、完善用法。玉米芯可同树皮搭配使用，谷壳因体积小，也可同树皮混用，但搭配比例不宜过大，否则易造成基质密闭、不利水、透气性差。

②青苔：多在山区阴坡崖石坡上生长，或在阴湿水边地带石板上以及树木背阴树枝上生长。其资源丰富，是铁皮石斛野生环境中较好的附生植物，相互共生，彼此相互作用，而且青苔绵软、疏松、利水、透气性最好。覆盖在基质上面，既能防止水分蒸发，又能为铁皮石斛提供营养，腐烂后还是肥料。

③树叶：树叶来源较广、种类多，各种树叶混在一起，腐烂后营养全面、丰富。但由于树叶本身做基质腐烂后容易形成粪泥团，造成基质密闭、不利水、不透气等不良现象，不能单用，因此，在生产上可将树叶晒干，经机械加工成直径 0.5 ～ 1.0 厘米的方块，再做基质同树皮混合用，以此避免单用的不足之处，更多用法还可继续探索。

（2）开发基质新资源，扩大基质资源利用

可用雪松树皮、洋槐树的粗皮、柳树皮（枝梢）、白杨树皮（枝梢）以及其他木质疏松的厚树皮作为基质。特别是向日葵的茎秆及上面的并盘、洋姜茎秆、蓖麻茎秆及果壳、芝麻秆及角果壳、薏仁茎秆、附子、大黄、牛蒡子的茎秆都有很高的利用价值。其次，玉米、油菜茎秆本身带有菌核病和玉米螟虫害，是否通过高温和药剂处理，经过灭菌、杀虫再进行利用也值得进一步研究探索。此外，如野艾蒿茎秆、刨花、锯末、谷壳及其他农作物的茎秆，经机械粉碎加工成直径 0.5 ～ 1.0 厘米大的方块做基质，以及剥掉皮的桐麻秆、大麻秆截成 0.5 ～ 1.0 厘米长做基质，均有待于探索开发利用，扩大基质资源。

（3）开发动物粪便资源的利用

羊粪、兔粪本身是扁圆形、坚硬、光滑，同树枝混合后，彼此之间间隙大，利水透气，是很好的肥料库，可使铁皮石斛根系吸收到营养加速生长。其供肥时间长，避免了追肥的工序。其次，马粪、驴粪也值得进行探索利用，即将其加工成颗粒或方块，同树皮混合应用。此外，也可将腐熟的农家有机肥，先晒干后，经消毒处理，用机械粉碎滚制成 0.5 ～ 1.0 厘米大的颗粒，或压成方块，同树皮或其他基质混合搭配用做基质。这些方法既解决了基质配方，又增加了肥料来源，还是很好的肥料库。

上面一些设想是针对平原、浅山丘陵地区，在无松树皮等资源的情况下提出作者的一些设想，可通过反复实践探索试验，也许能摸索出新的途径。

第六章

铁皮石斛栽后的田间管理

铁皮石斛不像其他农作物长在土里就可以生存，栽培技术性强，栽培成败关键在于人工仿野生栽培时，应接近铁皮石斛原生态环境条件，如温度、湿度和特殊的基质。而铁皮石斛是附生在真菌菌丝上吸收水分和矿物质营养，并依靠菌丝分解根部附生着的枯枝、落叶来获得葡萄糖和氨基酸等有机养料，这一特殊条件与其他植物截然不同。故在人工仿野生栽培时，应创造原生态阴凉、温暖、湿润、通气、弱光照射的环境条件，在良好的条件下，使铁皮石斛容易存活和正常生长。为此，在栽培中要仔细观察和掌握其生长发育变化规律，人为创造和调节环境条件。

一、水的管理

在铁皮石斛栽培的整个生长过程中，要坚持科学用水，调节好基质湿度和空气湿度。这是关系到铁皮石斛栽植是否成功的重要因素和关键措施。

1. 调节好基质湿度

无论是组培苗或驯化苗，栽后需要严格控制用水。栽苗 2 ～ 3 天，若无高温不必浇水。这是因为栽前基质已浇过水，可满足植株对水分的要求。若马上浇水，铁皮石斛根系同基质紧密贴在一起，透气性差，影响成活。苗栽后 1 ～ 2 个月内，基质应常保持潮润环境，当新苗开始发芽、长出新根时，基质应保持湿润与潮润相间，手摸时有湿的感觉即可，以表面基质不发白为准。若基质表面发白，手摸干燥，扒开基质 2 ～ 3 厘米也有些干燥，证明缺水，要及时浇水。浇时水要浇透，不能浇“吊脚水”，即基质表层湿而下层依然干燥。总之，需要每天观察，保持表层潮润。从 5 月至 10 月期间，特别是 6 月至 9 月，因温度高，水分蒸发快，需要每 3 天浇一次透水。11 月至来年 4 月之前，每 5 天浇透一次。平日可在苗基质表面喷水。对驯化苗栽植后，同样按上述方法管理。由于苗大，根系需水量多，缺水时应立即浇灌，平日在苗和基质上喷些水即可。

2. 控制浇水时间和次数

5 月上旬至 10 月上旬期间，因气温高，水蒸发快，每天喷水 2 次，9 时和 16 时或 17 时各喷一次。下午喷水不宜过晚，以防叶片带水过夜，叶片易染病。其余时间根据干湿度，每天浇喷一次即可，根据情况而定。

3. 调节空气湿度

铁皮石斛栽培后至整个生长过程中，要求空气湿度为 60% ～ 80%，其上限不能超过 90%。否则，高温时易引起病害。下限不能低于 30%，特别是在 5 月至 10 月期间，若空气干燥湿度变小，铁皮石斛叶片易卷曲、无光泽、茎秆易皱缩，造成整个植株生长缓慢。因此，铁皮石斛在生长发育阶段，需要常观察湿度变化情况。若空气湿度低于 60%，可在空间、床架下或地面喷水。阴天不能喷水，根据具体情况调节空气湿度。

4. 选择优质水源

铁皮石斛对水的质量要求较高。其原生态条件靠自然降水满足需求。因此，在栽培中宜选用天然降水和河水最好。其特点是，天然降水或河流水中含矿物质营养、无污染，植株浇后生长快，不易感病。而自来水经处理后，水质差，浇后生长缓慢，长势弱。若在场外露地栽培时，下小雨时可揭开薄膜，让基质淋雨湿透即可，雨淋后可将薄膜再次覆盖。在下大雨时千万不能淋雨浇灌，否则会冲刷和打坏幼苗。用河水浇时，应将河水运回装在大桶内停放半天之后，待水恒温时再使用。否则，由于河水比较凉，马上浇水会刺激小苗，影响铁皮石斛的生长。

二、温度管理

铁皮石斛野生生长在石崖壁、树上等地，当平均气温上升到18℃以上时，方可萌动发芽生根，5月平均气温达到22℃时，营养体开始生长。6月上中旬平均气温达到26℃时，营养体生长较快。从6月下旬至8月阳台平均气温28～33℃时，铁皮石斛进入快速生长期，生长最快。据观察，每隔10～15天，植株可长出一片新叶，增高一个茎节。此时铁皮石斛生长发育最快（增加叶数、茎高、茎粗）。但炎热的7月至8月，大棚和阳台内气温均较高，13时至16时气温均超过35℃，甚至达到40℃，在高温条件下，铁皮石斛处于休眠状态，严重抑制其生长，甚至叶片会发黄或枯死（在自然界半阳半阴条件下，不会出现上述现象），这时，应立即采取降温措施。一是提前打开排风机或大棚四周通风口、阳台通风道，让空气对流，以利降温；二是在大棚或阳台外提前搭起遮阴网；三是在大棚、阳台内，夏天高温时，在13时至16时，可在大棚、阳台、温室内喷水；四是在床架底下喷水进行降温，确保铁皮石斛在生长期有适宜的温度。

此外，从秋末至来年初春前，要加强保温措施。大棚、阳台内最低温度不能低于0℃，以保持5℃以上最好，以免铁皮石斛发生冻害。据观察，冬天大棚、阳台内气温均在9℃左右。在秦岭以北或山区寒冷地区栽培时，大棚、阳台内气温也较低，可在大棚外加盖覆物，或在床架上、盆栽栽培上再加一层薄膜棚，即大棚内套小棚（用竹片或细钢筋做成弓形）以达到保温的目的。

三、注意通风

无论是在大棚、温室或阳台内栽培铁皮石斛，都一定要保持通风。铁皮石斛具气生性，这是它的特性，在自然界，它一般在崖壁、树上生长，根系大部分裸露在外，以吸收空气中的水分、养分。所以，人工规范化栽培时一定要常通风，使其能够借助空气来吸收水分和养分，有利于它的生长。同时，通风又可减少病害的发生，特别是在夏天炎热时，大棚、温室、阳台内通风更为重要。一般在大棚、温室内可装通风机，每天不定时地排气，或打开大棚四周通风窗口，阳台内栽培可打开窗口通风。

四、控制光照

铁皮石斛喜阴凉的环境条件。而人工仿野生栽培在石崖、林下、树上时，随着季节的变化，树枝增密，光照会受到影响。故每年在冬、春时，应当剪去密枝，保持透光率在50%左右。而在人工大棚、温室、阳台等场地栽培铁皮石斛，当光照强度大时，可采取遮阴网覆盖在大棚顶部或阳台外面，或在大棚、温室旁边种植藤本植物，如丝瓜、苦瓜等，利用茎藤遮光（不能过密），以避免强光照射。

五、肥料管理

铁皮石斛在自然界生长时，依靠共生真菌丝吸收水分和营养，并依靠菌丝分解根部附生的枯枝落叶，获取葡萄糖和氨基酸有机养料。由于野生铁皮石斛的生存环境恶劣，所以生长缓慢。而人工仿野生半自然栽培铁皮石斛，不仅需要提供和创造适应的环境条件，还要满足其对水、肥的需求，这样既能保证其快速生长，又能丰产，缩短生长年限，所以科学施肥很重要。

1. 在大棚、阳台、房前屋后栽培铁皮石斛时施肥

（1）肥料种类

铁皮石斛追施肥料应以有机农家肥为主，有机液体肥最合适。其次是固体无机肥，即磷酸二氢钾、硝酸钾肥、三元复合肥等。

①有机肥：如羊粪、牛粪、猪粪、油饼、猪毛、人发、牛毛、树叶等。在沤制过程中，按液体比例加入灭菌剂、杀虫剂，即多菌灵、甲基托布津和杀虫剂，对其灭菌杀虫。上述肥源在施用前必须腐熟沤烂，才能使用。一般要在高温条件下腐

熟沤制半个月至 1 个月方可使用，使用前兑水稀释浇施在基部。其配方为：小苗用原液 500 克，兑水 2 000 ～ 2 500 克，即 1 ：（4 ～ 5）；大苗和生长一年以上植株用原液 500 克，兑水 1 000 ～ 1 500 克，即 1 ：（2 ～ 3），也可和 0.2% 的磷酸二氢钾溶液混合用。

②无机肥：复合肥可少量作底肥，施时同基肥混合较好，以防烧根，磷酸二氢钾或硝酸钾肥均可按 0.2% 比例配液在叶面喷施。其次硫酸镁加尿素浓度为 0.1% 左右，10 天喷施一次，或施微量元素肥，含量 0.1% 可混合喷施。但硝酸钾肥多用在越冬前喷施较好，可增加铁皮石斛的抗寒性。此外，氮、磷、钾肥混合溶液也可以使用，其比例为 3 ∶ 1 ∶ 1 或 1 ∶ 1 ∶ 1。也可喷施植物生长调节剂，如喷施赤霉素可提高铁皮石斛的产量。

（2）施肥次数

组培苗小，一般在栽后 1 ～ 2 个月喷施 0.2% 的磷酸二氢钾肥，每 10 ～ 15 天喷一次在叶面上，有机液体肥 7 天左右浇施一次，但浓度要小；大苗、驯化苗或 1 ～ 2 年生苗每 7 天喷一次叶面肥，每 7 ～ 10 天可施一次有机液体肥于基部。也可用 0.2% 磷酸二氢钾按比例同有机肥混合浇施。

（3）施肥时间

人工仿野生石崖、林下等场地栽培铁皮石斛时，第一次追肥宜在 3 月中下旬进行；人工设施大棚、阳台等场地栽培铁皮石斛时，第一次追肥宜在 2 月中下旬，以达到早发芽、多发芽、发壮芽，早长根系的目的。无论是仿野生还是人工大棚等方式栽培铁皮石斛，均宜在 16 时至 17 时将有机液体肥施在基部，喷施后经夜间根系吸收不易使其挥发。但叶面肥不宜过晚喷施，否则易感病。人工仿野生栽培铁皮石斛追肥时，晴天不宜在上午或中午进行，否则易导致肥液蒸发或太阳光太强而烧苗。阴天上午、中午可施，雨天不施，露水未干不施，日光暴晒不施。

2. 贴树栽培施肥

由于贴树栽培时基质糊得较薄、风吹、日晒蒸发快，加之雨水冲刷的影响，肥料易于流失、蒸发。因此，在不同的季节均应喷施叶面肥，基质上可喷施有机液体肥，水、肥兑配比例同前。夏季的 7 月至 8 月，每隔 7 ～ 10 天喷施一次，越冬前喷施一次，可用高压喷雾器进行。其次，也可将腐熟的液体有机肥及人发、猪毛、牛毛、油饼腐熟同 0.2% 的磷酸二氢钾肥混合糊在基质上。

3. 贴石或崖壁上栽培施肥

由于贴石和崖壁上栽培的铁皮石斛场地交通不便，栽培时应用腐熟的羊粪、牛粪、油饼、树叶等肥源同塘泥混合物一起糊在下面。露天太阳暴晒、风吹、雨淋冲刷，会使肥料蒸发流失严重，营养缺乏，进而影响铁皮石斛的健康生长。除第一次在 4 月前追施有机液体肥之外，5 月至 9 月，每隔 7 ～ 10 天追施一次，也可将 0.2% 的磷酸二氢钾肥混合在一起，浇施在基部。其液体肥浓度比例同前，也可将塘泥同腐熟的有机肥（羊粪、牛、猪粪、油饼、树叶等）混合后，糊在基部。

六、铁皮石斛施肥时应注意的事项

①应根据苗的大小、生长年限、苗长势的强弱、叶色情况（发黄时），确定施肥种类、施肥量和施肥次数。

②人工仿野生贴石、贴树、林下栽培时，应根据苗的长势、干旱程度、降雨情况而定。久旱无雨时勤施，既能供水又能为其提供营养物质。阴天可施，有露水时不施，下雨不施。

③人工仿野生栽培，晴天、太阳暴晒时不能施肥，上午和中午不能施肥，以防止烧苗或施后蒸发掉。一般在 17 时左右较合适，经一夜根系吸收、效果好。

④无论是人工仿野生栽培还是大棚、温室、阳台、房前屋后规范化栽培，追施有机液体肥时浓度均宜小不宜大，特别是组培苗和小苗，以防烧苗或产生肥害。

⑤人工大棚、温室内、阳台等场地种植的铁皮石斛，应根据棚内温度、湿度灵活应用，高温不施，湿度大时不施。

⑥施农家有机肥液时应控制好肥液浓度。无论是在大棚、温室、阳台还是在露地山坡、林间树木做立柱体栽培铁皮石斛时，控制好肥液浓度都极为重要。浓度过大易伤叶及气生根，造成肥害，浓度过低则施肥效果不明显。因此，在追施肥液时，应根据苗的大小、生长年限、追施时的温度高低、天气状况等因素确定肥液浓度。即小苗肥液浓度稀、夏天温度高时浓度要低，太阳大、强光照射时浓度宜低。总之，应灵活应用，有机液体肥应喷施在基质上，既增肥、又补水。

七、腐熟农家有机肥液沤制和使用方法及其注意事项

实践证明，铁皮石斛追施腐熟农家有机肥液的效果优于使用化肥。其优点是安全、肥效持久，幼苗生长壮实，不易烧坏气生根和产生肥害，且又无残留物，确保品质。其次，农家有机肥来源丰富、投资少，一次追施既供肥又供水，节省工序和

劳力。肥液沤制方法可根据铁皮石斛栽培面积大小、地点来确定。

1. 腐熟农家有机肥液沤制

可使用大塑料桶、大瓦缸或木桶进行沤制粪肥。这一方法适用于大棚、温室、阳台内栽培的铁皮石斛，简单易行，移动方便。将准备好的腐熟农家有机肥料（牛粪、羊粪、猪粪、油饼等）碾碎装入容器内（若无有机农家肥时，可从市场上采购成品有机肥），根据肥料多少按比例加入灭菌剂和杀虫剂（沤制中必须除去细菌和虫卵，避免追肥时铁皮石斛感染病菌、遭受虫害），加入适量水进行沤制。盖上盖子，防止在沤制过程中肥水蒸发造成污染。

粪肥经数日沤制，让农家有机肥充分腐烂溶解于水中，即成肥液。追肥时从沤制桶内取出肥液，按比例兑水进行追施。每取出一次肥液，可继续加水进行沤制。同时，在沤制过程中常用木棒上下搅动，加速有机粪肥腐烂，释放出肥效。若粪肥经过多次反复沤制，肥液浓度变淡如水，无臭味，说明已无肥效，可将久浸泡的粪渣捞出，重新加入腐熟的农家有机肥、灭菌剂和杀虫剂，继续按上述做法进行沤制。其次，在沤制农家有机肥时，应将复合肥或过磷酸钙、钾肥等用其他容器进行浸泡，追肥时按比例加入农家有机肥液中，一同施用，以补充肥液中的磷、钾成分。

2. 粪肥池沤制方法

（1）选择沤制粪肥池

沤肥池的大小应根据铁皮石斛的栽培面积来确定。

①选择好建沤肥池的地点：宜选在铁皮石斛栽培中心且

离水源较近处，便于取水。按肥池长 2.0 米，宽 1.5 米，深 1.5 米挖坑（图 14），将其四壁墙和池底筑实，再用砖砌成两匹砖厚的墙壁和池底部，并用水泥反复抹光，以不渗漏肥水为宜，如图 14 所示。

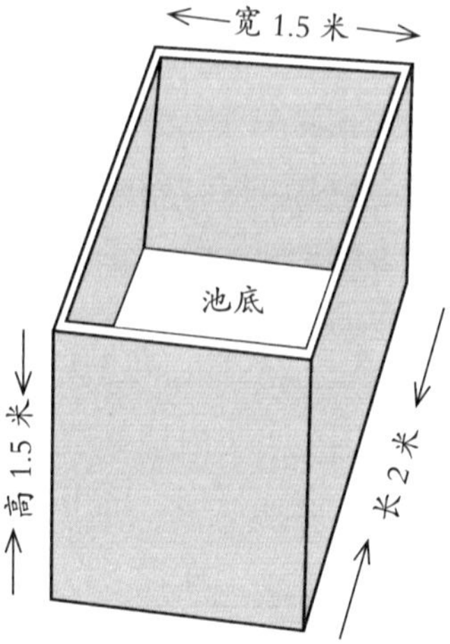

图 14　沤肥池

②编织粪池内隔离篱笆：粪肥块经过沤制腐烂后，肥效溶于水中即成肥液。肥液经过隔离篱笆缝隙流入另一区间（肥液区），便于取肥。可用细竹子或竹片、藤条之类编织，也可以用细铁丝做成隔离网笆进行隔离。

方法一：将备好的细竹子或竹片、藤条等材料，按直径 40 厘米，高 1.5 厘米，间隔一定距离用细木棒或细竹竿做支撑编织成篱笆。然后弯曲成半圆形（直径 40 厘米），篱笆上、中、下用木棒（竹竿）连接固定，放置在沤肥池一头的中间即可（图 15）。也可用细铁丝编织隔离网（孔隙 1.0 ～ 2.5 厘米），然后用几根细钢筋摆成一定距离捆绑或焊接在隔离网上（图 15）。

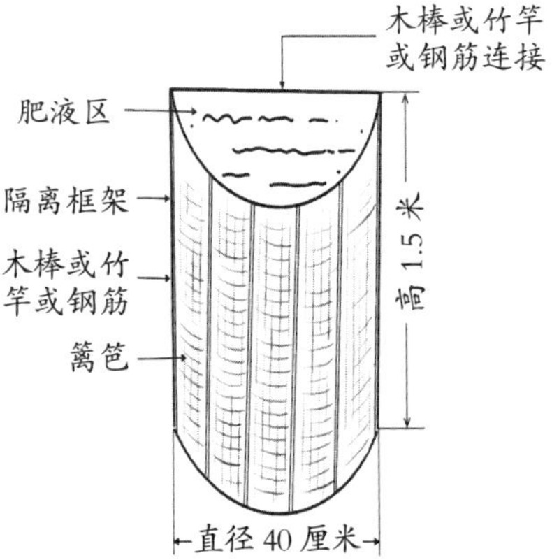

图 15　半圆形隔离网

方法二：按照长 1.8 ～ 2.0 米，高 1.5 米的规格，将细竹子或竹片、藤条等材料按一定距离摆放细木棒或细竹棒编织成篱笆。编好后将篱笆弯曲成弧形，再用木棒或竹棒将篱笆两头连接绑紧固定（上、中、下连接）。然后将一端卡在肥池的右角，另一头卡在肥池的左角，即呈弧形（弓形），如图 16 所示。粪肥经过数日沤制腐烂，其粪肥的肥效溶于水中即成肥液。肥液通过篱笆缝隙流入隔离区间，使用时可以从肥液区内取出兑水追施。

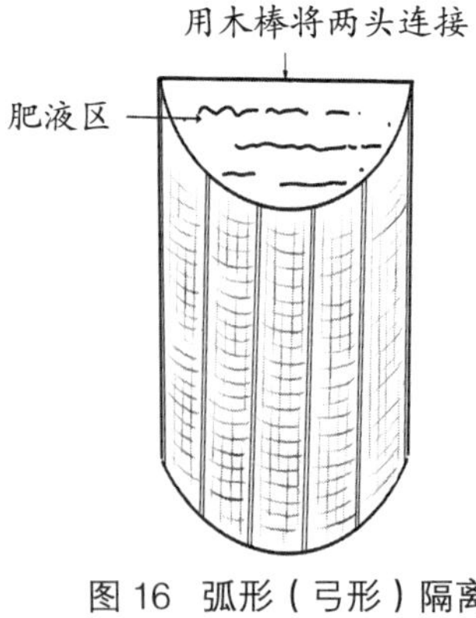

图 16　弧形（弓形）隔离网

③沤粪池加盖：粪肥沤制时，粪池上面一定要加盖。一是防止在沤制过程中肥水蒸发，二是防止其他动物爬进粪池，三是防止污染。盖板按照粪池长度分别做成两块（长 1.1 米，宽 1.6 米），取肥液时，揭开盖子。可用木板或塑料、石棉瓦做盖子，也可以用厚塑料薄膜（双层），按照盖子的大小做成两块进行覆盖。在薄膜四周及中间两面用木条或竹片夹住固定即成盖棚。省工省料，揭盖轻便。

④搭建沤肥池棚：当沤肥池修建好之后，可在沤肥池上面搭盖一个草棚。高 2.0 ～ 2.5 m，以人出入操作方便为宜。可以防止雨淋，防晒。

（2）农家有机肥液使用比例及方法

①小苗：沤肥前期浓度大时，500 克肥液兑水 2 000 克，即 1 ∶ 4; 沤肥后期肥液浓度低，500 克肥液兑水 500 ～ 1 000 克，即 1 ∶（1 ～ 2），每隔 7 ～ 10 天左右追施一次。

②大苗、一年生苗：沤肥前期浓度大时，500 克肥液兑水 1 500 克，即 1 ∶ 3；沤肥后期肥液浓度低，500 克肥液兑水 500 克，即 1 ∶ 1， 每隔 5 ～ 7 天左右追施一次。

无论是小苗、大苗或是一年至二年生植株，追施时一定要根据铁皮石斛生长势的强弱、生长时期、根系情况、气候条件、肥液浓度等各种因素灵活应用。当植株根系发达、生长势强、旺盛，进入快速生长期（6—8 月）时，肥液兑水比例应稍小，使铁皮石斛在最适温度下有充足的营养供给，快速生长，提高单株产量。相反，在植株生长前期或生长后期（即将进入休眠期），兑水比例应稍大。沤肥前期肥液浓度大时，兑水比例应稍大；在沤肥中后期肥液浓度低，兑水比例应减少。

小苗兑水比例大，大苗、1～2年生苗兑水比例小。按照这些原则，追施肥液才能起到良好的效果。

③追肥时间及次数：在大棚、温室、阳台等处栽培的铁皮石斛一般于17时追施肥料较为合适。施肥后营养物质在当夜被根系吸收，输送到茎顶生长点，次日适宜的温度有利于植株快速生长。一般大苗追施肥料5～7天进行一次为宜，小苗追肥约7～10天1次，以防断肥，因此，应根据铁皮石斛长势确定施肥次数。露地栽培铁皮石斛时，下雨、太阳大时不宜追施，否则追施后肥液流失，在阳光照射下蒸发，影响施肥效果。

（3）追施腐熟农家有机肥液应注意的事项

①粪肥在浸泡前一定要碾碎（打碎）成小块或细粉末，有利于浸泡时腐烂，肥效才能快速释放溶于水中，减少沤制时间。

②追施农家有机粪沤制肥液取液方法：一是在取肥液之前，应先在桶内上、下搅拌数次后再取肥液，以便兑水配置均匀；二是在肥液区取肥液时，起初因沤制时间短，且又没有充分腐熟，肥效未能释放出，加之液体在池内又不能自行流动，导致肥液很淡。因此，在取肥液之前应先用桶把肥液区的淡肥水盛出一部分倒入沤粪区的一端，让沤粪区内浓度大的肥液经过隔离网再流入到肥液区后，再取肥液配兑（以后凡每次重新加入粪肥进行沤制时，在取肥液之前均应按上述方法进行）。这样使取得的肥液浓度均匀，按比例兑水、追施效果好。其次，在每当取一次肥液之后，可加水继续沤制，并在沤粪区内用锄头或钉耙搅动，有利于粪肥加速腐熟释放

出肥效；三是每重新换一次粪肥进行沤制时，均应加入灭菌剂和杀虫剂，以灭除肥液中的病菌和虫体，以防铁皮石斛施肥后遭受病原菌和害虫危害。

③追施农家有机肥液时，加入适量的复合肥或过磷酸钙、钾肥，经过沤制取肥液按比例配兑使用，可以补充农家有机肥液中磷、钾肥不足的问题，以此促进根系生长和提高植株抗倒伏、耐寒能力。

④农家有机肥在沤制过程中，未加入灭菌、杀虫剂时，追肥时一定要加入灭菌剂、杀虫剂，这样有助于消灭肥液中的细菌和害虫，防止危害铁皮石斛的正常生长。

⑤在肥液兑水比例调试中，浓度不宜过大或过小，否则追施后易产生肥害或者施肥效果不明显。

⑥无论进行沤制或是施肥等操作时，一定要带戴塑料手套，以防止细菌感染。

八、铁皮石斛发生肥害、药害处理方法

铁皮石斛栽培过程中，在追施肥上，特别是使用无机化肥，容易忽视科学施肥，不是肥料种类选得不当，就是施肥的量过大，追肥过勤，施肥的方法欠缺，或使用有机肥没有充分腐熟等原因，施肥后易产生肥害。其表现为叶片发黄、萎缩，叶片卷曲、脱落，根基部腐烂，植株停滞不长，不发新根，干枯死亡。若发现类似以上病症，可用“硕丰48-1”兑清水15千克，再用食醋50克，白糖（白砂糖）50克，充分溶解后与“硕丰48-1”水溶剂混合，用喷雾器均匀喷在茎叶上，每7天进行一次，连喷3次，可恢复植株生长。“硕

丰 48–1”为生长调节剂，可促使铁皮石斛生长增产，但不能与碱性农药混用，可与弱酸性农药混用。用时需用 50 ～ 60℃温水溶解后再用，“硕丰 48–1”低毒安全，无农药残留。

食醋：食醋即食用醋。对生长不良的作物有起死回生的作用，可增强光合作用，提高叶绿素含量，增强抗病力。

白糖（白砂糖）：白糖含有丰富的矿物质、维生素、氨基酸、葡萄糖、胡萝卜素、纤维素等，能提供给植物丰富而全面的营养，促进细胞再生。

因此，“硕丰 48–1”+ 食醋 + 白糖（白砂糖）是一个很科学的配方（上述方法由湖南新宁县罗仲春同志编写的铁皮石斛原生态栽培技术编著提供）。

九、铁皮石斛高腋芽管理

铁皮石斛栽后 1 ～ 3 年，每年春季开始从基部发出新芽，随后长成新植株。同时，2 ～ 3 年生单株又多从茎的中、上部茎节处长出新的腋芽，这种从茎中、上部长出的腋芽称为“高腋芽”。当高腋芽从茎节长出 10 ～ 15 天时，便长出新叶片，随后又从芽的基部长出许多绿白色气生根、形成植株。当植株长出 3 ～ 5 片叶时，每天喷 1 ～ 2 次水，促使其稳长、长壮。若不喷水，由于空气干燥会造成茎秆萎缩，加之空气中湿度小，导致新出生的芽苞及基部气生根不易生长，严重时会使其干枯死亡。因此，应加强对高腋芽的管理，天天喷水，让其长壮、快长。当植株长出 3 ～ 5 片叶，根系长到 3 ～ 5 厘米时，应剪下进行移栽。这也是铁皮石斛繁殖的一种方法。高腋芽不能越冬，否则从 11 月至来年 4 月前，由于气温低、冷冻、空气干燥等因素条件影响下，幼苗及根系会被冻死。

十、除草

铁皮石斛喜欢生长在阴凉的地方，种在崖壁、林下或大棚等场地时，各种杂草、毒菌和病虫害易于滋生。为了确保铁皮石斛的正常生长，防止病虫害发生，凡在石崖壁、林下、人工大棚内床架上种植铁皮石斛时，若发现杂草，应及时清除，林下枯枝落叶需要清理干净，以防病虫害发生。根据杂草出现情况，做到有草必须除净。大棚周围生长的杂草，也应及时清除干净。

十一、铁皮石斛的修枝分蔸

铁皮石斛栽植 3 ～ 4 年时，由于铁皮石斛每年从茎基部发出新植株，一般滋生 2 ～ 3 株或 5 ～ 8 株。植株密集在一起，争水、争肥，彼此互相影响，造成植株生长不良。这种情况不但影响产量，也不易从基部滋生新的幼苗。由于植株丛生拥挤，造成下部根系交叉扭曲在一起，营养缺乏，长势差，甚至根系老化、发黄、滋生能力衰退，直至死亡。因此，当栽植生长到 3 ～ 4 年时，应结合采收及时分蔸，重新分株栽植，一般应随采随栽，以春季栽植最好。春季气温上升快，由于植株休眠后开始萌芽，而秋季栽植后，从 11 月至来年开春前，气温低、冷冻，空气干燥，加之基质湿度不够，根易干枯。铁皮石斛根系吸收不到水分和营养时最容易死亡，难以成活。分蔸便是铁皮石斛扩大繁殖的一种方法，不可忽视。

分蔸移栽时，按株行距，每穴（或盆栽）3 株一丛栽植，栽法同前，栽后浇水即可。但栽后应常观察基质内的干湿度，以防缺水干枯，或基质过湿而导致根系腐烂。其次，铁皮石斛生长到 2 ～ 3 年时，应经常观察植株的生长变化情况。对老枝、枯枝、病枝以及过密的茎枝应及时清理剪掉，留下壮枝、长势强的植株，提高单株生物产量，达到增产丰收的目的。

十二、加强铁皮石斛新品种选育、建立良种繁殖基地及引种应注意的事项

1. 铁皮石斛新品种选育的重要性

目前我国石斛种类多达 100 多种，但真正用于医药、保健养生的品种不多。从质量或面积上讲，主要品种是铁皮石斛，其次是霍山石斛。其他如黄草石斛（束花石斛）、马鞭石斛（流苏石斛）、金钗石斛（石斛）、齿瓣石斛（紫皮石斛）等，质量次之，面积极小，多依靠自然生长。

就铁皮石斛而言，由于地理环境条件不同，各地铁皮石斛质量和形态特征差异较大，再加上种植之间界限隔离不严导致品种混乱。作者对六省引进的铁皮石斛进行种植观察，其表现均已说明（详见第三章）。就一个地方的铁皮石斛群体内（除贵州铁皮石斛之外）表现也是如此，一是不整齐，二是形态特征差异大（对品质未进行分析）。加之当地在铁皮石斛种植的生产过程中，未能严格进行筛选，年复一年种植，越种品种越不纯，越种品种越混杂。其次，铁皮石斛属名贵药材、价钱高、效益好，导致种植户心切而盲目引种种植，造成了铁皮石斛品种在生产上的混乱。各种因素使铁皮石斛的质量和疗效无法保证，也影响到其出口，这些问题都关系

到铁皮石斛生产的发展，所以当前迫切需要对铁皮石斛进行新品种选育。

2. 建立铁皮石斛品种资源圃（库）

建立铁皮石斛品种资源圃（库），对保护好现有品种资源非常重要。资源圃是石斛种类的珍稀资源，其中以铁皮石斛和霍山石斛较为突出，是今后选育新品种最基本的材料来源。

3. 做好铁皮石斛品种提纯复壮

当前在没有新的品种代替时，宜从当前种植的、经检测品质达到国家药典规格要求的群体内，选形态特征标准、性状好、抗病、丰产（单株产量高）等具有多种优势的单株。然后进入株行圃比较，从中筛选出真正代表铁皮石斛形态特征、种性、特性的植株。符合标准的品系，同原铁皮石斛品种或外地品种进行对比试验，凡性状特征相同，其品质好、长势强、丰产性好，均超过对照品种的植株，经审定后，可进行加速繁殖，示范推广。这种方法简单、时间短，适宜于农户自行选育，也适用于企业家基地采用。

4. 新品种选育

（1）品种间杂交选育出新的品系（品种）

在上述提纯复壮的基础上，若个别单株有差异，如有的单株成分含量高，但性状不标准或者长势不强、抗性、滋生力差、丰产性不太好，可同性状好，长势强、抗性好、滋生力强、单株丰产性好的材料进行有性杂交。然后从后代分离中，筛选出人们最理想的单株，进行株行圃比较，从中筛选出优株，再同当地推广品种或者外地的优良品种进行对比试验。若各方面均超过对照品种，审定后加速繁殖、示范推广，如六省引进的铁皮石斛群体内，分离出了三种类型。第一种类型，以贵州铁皮石斛为例，其特点是较整齐、茎节粗稍长、叶呈长椭圆形、生长较快、健壮、单株产量较高、性状、抗性较好，但不足的是茎基 1 ～ 2 节滋生力不强，可同第二种类型福建省铁皮石斛进行杂交，其茎节细长，叶片呈披针形，生长快，长势健壮，抗性较好，单株产量也高，特别是茎基部 1 ～ 2 节滋生力最强（一穴滋生 5 ～ 8 个新株，而且秋季也滋生），但茎秆细、抗倒性稍差，两者单株进行有性杂交，可以从后代中分离筛选出具备双亲优势的新品种。如此一来既增加了植株滋生力强的特点，又使其具有形态特征好、茎节粗长、整齐、生长快、健壮、抗性好、单株产量高等特点，即成一个新的品系。经过株行圃再次筛选，从中选出最理想的新铁皮石斛品系，并与当地品种或外地品种进行对比试验，若超过对照，即可成一个新的品种，加速繁殖、示范推广。又如第一种和第二种类型铁皮石斛可同第三种类型铁皮石斛进行有性杂交。采取同样的方法从后代中筛选优株，选育出新品种，但这种方法需要很长时间（6 ～ 8 年）且需具备一定的条件，如财力、人力。这一种方法适用于科研单位或企业家选育新品种时采用。

（2）单株选育

经作者多年观察和实践，铁皮石斛单株选育可从这几个方面入手。一是选茎基部节间粗壮，滋生力强的铁皮石斛。实践证明，茎基部节间粗壮，其营养体大、易萌动新苗、滋生苗肥壮、生长势强。相反，凡是单株茎基部节纤细而瘦弱则滋生萌动新苗差或难以滋生。此类型单株茎基部节处由于营养体细小，若遇条件不适时而萎缩，难以萌生，即便长出新苗也细弱、长势差、不抗倒、单株产量低。其次是茎节短粗、株型矮小、生长缓慢、生育期短，一般生长 10 厘米左右高的类型不宜选用，否则会导致产量低、经济效益差。二是选茎秆节粗长、速生、质优（含多糖 40%，甘露糖 30% 以上）、生长势强、茎带紫红色或铁褐色、单株生长在 25 厘米以上的丰产类型。三是选叶片长椭圆形、叶片大、花大的类型。四是选抗性强（耐湿、耐寒、耐高温、抗病、抗倒伏）、生育期长的类型。总之，应从多方面考虑一步到位，选出理想的品系做种用。经测试倘若该植株成分含量高，便可采用组培方法加速繁殖用于生产。

5. 建立铁皮石斛新品种繁殖基地

凡是新选育的品种，无论是品质或形态特征均应达到标准。其优势是性状好、生长快、长势健壮、抗性好、滋生力强、丰产性好，经审定后，可建立品种繁殖基地，加速繁殖，严防混杂，并统一由繁殖基地为农户提供优质种苗。也可以分别指定单位进行代理繁殖，以减少长途运输带来的不便。

6. 加强对新品种提纯复壮

无论采用提纯复壮还是通过有性杂交选育出的新品系（品种），在种植过程中，还要继续加强对原品系（品种）的提纯复壮工作。以防止在种植过程中再产生新的品种混杂或变异。对不符合标准的单株、劣株、变异株，应从源头上除掉，以保证铁皮石斛的纯度、标准型、整齐度等。

7. 铁皮石斛引种应注意的事项

首先要了解引种产地铁皮石斛成分的含量，看其是否符合国家规定标准和拥有国家指定有关单位检测证明书，确定后再引种。

初次引种，一定要在种苗繁殖基地购买，千万不能在非正规单位、农户家和市场购买。

初次栽培时，应先引驯化苗进行试种。驯化苗或大苗苗体大，栽后成活率相对比较高，在取得经验之后，再引进组培苗，进行扩大种植。相比之下，成本比直接购买大苗、驯化苗低，投资小。其次，在有种植经验、条件具备、设备完善时，可进行组培苗繁殖。

十三、铁皮石斛越冬管理

1. 铁皮石斛在露地石坡上贴石或在林下贴石、贴树栽培越冬管理

凡在露地石坡上贴石或林下贴石、贴树栽培时，由于在自然界生长，入冬至来年 4 月前，为了避免低温冻伤，当气温降至 5℃时，一定要用塑料薄膜覆盖，树上用薄膜包扎保温。但在薄膜下一定要留一道气孔，便于植株通气和吸收外界氧气，利于气生根吸收。若空气干燥或基质发白缺湿时，在无露水情况下揭开薄膜，上午或下午进行喷水，以保持湿润。基质干燥时浇透水，然后覆盖上薄膜。在铁皮石斛未萌发前，即 3 月下旬至 4 月初可浇施一次有机液体肥，为植株多发芽、发壮芽创造条件。

2. 铁皮石斛人工仿野生设施大棚规范化栽培越冬管理

（1）水肥管理

进入秋末冬季时，仍然需要保持栽培基质湿润、潮润交替，而以潮润为好。保持基质表面不发白，2 天左右要喷一次水，

5 天左右浇一次透水。但千万不能浇“吊脚”水，否则基质上湿下干，根系往往会干枯死亡。铁皮石斛从秋末至来年 3 月处于休眠期，不能生长，需水量不大，只要保持其环境潮润就行。若浇水过勤或过多，根系吸收不了，水多时反易引起霜霉病导致落叶，同时根部渍水过湿，透气性差，加之处于低温时期，根系吸收不了，反易腐烂或死亡。此外，冬季来临之前，可喷一次硝酸钾溶液，提高植株的抗寒性，或入冬前地面上喷施一次 1 000 倍代森锰溶液，防止病害发生。一般冬季不施肥。

（2）防冻

冬季大棚内温度保持在 5℃以上，不能低于 0℃。若温度低时，可在大棚外面加盖覆盖物保温，或在棚内床架上盖一层薄膜（弓形），以防植株被冷风侵袭和冻坏。此外，在大棚一边留一道通孔或在 8 时至 16 时打开窗孔，让石斛苗吸收到新鲜空气，防止霉菌及软腐病的发生。冬季下大雪时，注意防止棚外积雪压塌大棚，若发生时应立即扫除，以防遮光。

（3）居住阳台内盆栽管理

阳台未封闭时，要用薄膜遮挡或封严，防止冷冻，同时要保证其所处环境湿润、透光、透气。当气温低时在盆面上加盖薄膜，保持阳台内平均气温在 5℃以上。玻璃封闭的阳台，白天一定要通气，夜晚留一孔道。盆栽基质须保持潮润，基质表面发白时，2 ～ 3 天喷一次水，5 天左右浇透一次水，但不能浇“吊脚”水，即上湿、下干，否则植株易干枯冻死。

十四、铁皮石斛初萌动发芽期前后的特殊管理

1. 大棚、温室、阳台、庭院内栽培铁皮石斛早期萌动发芽前后的特殊管理

实践证明，凡在大棚、温室、阳台、庭院栽培铁皮石斛，一般在2月下旬至3月上旬温度上升为18～20℃时，铁皮石斛茎基部节处粗壮，常处于湿润状态，当基质处于潮湿情况下，茎基部易于萌动发芽。掌握这一规律时，生产中应注意常保持基质潮湿。特别是铁皮石斛茎基部节处要保持湿润，才有利于表皮细胞组织早萌动发芽。否则，茎基部节处表皮细胞组织常处于干燥，便引起茎节处发白、皱缩或形成沟槽，表皮层增厚难以萌动发芽。即使已形成的芽苞，也会由于脱水而萎缩，严重时已形成的芽苞会消失。因此，大棚、温室、阳台、庭院栽培的铁皮石斛要常观察，若发现基质和茎基部节处出现干燥时应及时喷水。也可喷施农家有机肥经水沤制后的肥液，500克原肥液兑水1.5～2.5千克，比例1 :（3～5）。

11月中旬倘若再进行人工加温至18～20℃时，铁皮石斛又可提早在12月中下旬至来年1月上旬快速萌动发芽。这对延长铁皮石斛生育期、提高单株产量和群体丰产有着重要的意义。

在保持基质潮湿和茎基部节处湿润的同时，还要调节好空气湿度，即保持在60%～70%。由于大棚、温室、阳台内长期处于密闭，空气又不流通，空气湿度偏低，处于干燥状态，这对已萌动发芽及发芽后开始生长的小苗极为不利，会造成已发芽的幼苗生长缓慢，且萎缩不长，甚至干枯。因此，调

节好空气湿度不能忽视。当空气干燥时，要勤喷水。必要时可在铁皮石斛苗上加盖一层薄膜，既调节湿度、防止水分蒸发，又可增温，有利于植株萌动发芽和快速生长。当幼芽长到3～5厘米时，可揭去薄膜。

2. 自然界露地、林下栽培铁皮石斛早期萌动发芽期前后的特殊管理

铁皮石斛在露地、林下栽培时，一般早期萌动发芽在4月中旬至5月初，即气温升至18～20℃时，茎基部节处逐渐开始萌动发芽。生产中要掌握这一规律并及早加强管理，不仅要保持基质处于潮湿，更重要的是要保持茎基部节处及空气湿润。但人们往往忽视这一环节，把管理重点放在铁皮石斛的苗期和生长期。

实践证明，抓好铁皮石斛早期萌动发芽期前后的管理，关系到铁皮石斛早萌动发芽、发壮芽、多发芽，为提高单株产量和实现群体丰产打下基础。因此，应早加强管理，即从1月至4月期间常保持铁皮石斛基质潮湿和茎基部节处表皮细胞组织湿润。既可及早从茎基部节处萌动发芽，又可缩短"假休眠期"。若此时管理不到位，加之1—4月期间降雨量偏少，基质干湿不均匀，特别是茎基部节处表皮细胞组织由于长期干燥而脱水，易发白、皱缩，直接影响到芽苞形成和萌动。严重时可导致已形成的芽苞逐渐消失，不能再生芽苞，致使单株茎基部不能滋生新植株，造成损失，影响产量。因此，自然界1—4月期间保持基质潮湿和茎基部节处湿润极为重要。若无雨或雨水偏少时，需人工勤喷水，也可以喷农家有机肥浸泡液体肥，即500克原液肥兑水1.5～2.5千克，比例 1 ：（3 ～ 5）。既供水又供肥，根系吸收后供给新生萌芽养分，为植株快出芽、出壮芽、多出芽、丰产打下基础。

其次，注意调节空气湿度，一般要求保持在 60% ～ 70%。1—4 月自然界雨量偏少，空气干燥，当铁皮石斛刚萌动发芽或发芽生长时，若空气干燥，那么已萌动发芽的幼苗将生长缓慢或停滞不长，严重时萌动的新芽会出现萎缩。所以，必须调节好空气湿度。若遇到空气干燥时，应勤喷水，保持空气湿度在 60% ～ 70%，特别是在铁皮石斛早期萌动发芽前后，保持基质潮湿和茎基部节处湿润以及空气湿度显得极为重要。

第七章

铁皮石斛病虫害防治

一、病害

1. 根腐病发生与防治

一般在雨季，湿度大、高温，特别是在基质水分过多的情况下容易发生此病。病原菌为真菌立枯丝核菌，主要危害气生根，并引发植株基部腐。发病初期，茎基部根上出现浅褐色水渍状病斑，病扩展后叶片变为褐色腐烂，根系则逐步腐烂，直至全根腐烂，最后蔓延植株的基部。由于根系受害，导致叶尖干枯，叶片呈黄绿色，长势差，重则全株死亡。根腐病与软腐病的区别在于，前者先烂根，后者先烂茎叶。

防治方法：①严格控制基质内水分，保持潮润，加强光照，通风。尤其在立冬以后，大棚气温降到10℃时，同样要通风，切勿严密封盖薄膜，否则易发生大面积根系腐烂。半自然栽培大棚需将高低棚的高面打开，同时斜面坡和低面盖上薄膜，防止霜冻。②及时清除病株烧掉，清理时手不能摸健康植株，以防传染。③发病初期，用根病灵（福美比）1 500倍溶液灌根，也可用根病灵1 000倍液喷雾。④用70%甲基托布津1 000倍或百菌清1 000倍液喷雾。⑤用甲基硫菌灵1 000～1 500倍液喷雾，增加植株抵抗力。上述几种方法可交替使用。

2. 软腐病发生与防治

软腐病主要危害全株。多从根茎处开始侵染，受害处多为暗绿色水浸状，迅速扩展呈黄褐色并软化腐烂。叶片感病初期，为水渍状暗绿色小斑点，扩大呈褐色腐烂状，严重时变黄，腐烂处不时有褐色的水滴浸出，呈褐色薄纸状。其病的特征是叶基腐烂，有臭味，叶尖一般无症状。一般在 5—6 月发生。

防治方法：①通风透光降低棚内湿度，同时清除病株，换掉感病的基质，然后重新铺上消过毒的基质。②发病初期，用 6% 多保链霉素可湿性粉剂，或农用硫酸链霉素 2 000 倍液喷雾。③用 70% 甲基托布津 1 000 倍液或百菌清 1 000 倍液喷雾。④用 1 000 倍代森锰锌溶液与 2 000 倍农用链霉素溶液分别配制，然后将两种溶液混合均匀进行喷雾。⑤追施 0.05% 硫酸钾、高磷钾肥喷施，增加植株抗性。上述几种方法可交替使用，或单用农用链霉素 1 000 倍液喷施。

3. 煤污病发生与防治

煤污病主要危害叶片。病害发生时，整个植株叶片表面覆盖一层煤烟灰黑色粉末状物，影响叶片进行光合作用，造成植株发育不良。发病期为 3—5 月。

防治方法：①用 50% 多菌灵 1 000 倍液或 1 ∶ 3 石硫合剂，或用 40% 乐果乳剂 1 500 倍液喷施。②用 40% 米菌丹可湿性粉剂 400 倍液或用 40% 的大宫丹可湿性粉剂 500 倍溶液，或用 50% 多菌灵胶悬剂 1 500 倍溶液进行喷施。③用 50% 多菌雷灵可湿性粉剂 500 倍液喷施。④在大棚内、温室内或在阳台盆栽时均应保持通风良好，加强光照。

4. 黑斑病发生与防治

黑斑病主要危害叶片、叶端及叶缘。初期在叶片上产生针尖大黑色小点，密生在叶的中下部，扩展成黑褐色斑，后期中央色变淡。发生在中缘的病斑常互相融合成不规则条形斑，严重时叶片局部坏死或整个叶片枯死。一般在 3 ～ 5 月发生。

防治方法：①通风透光，控制水分。②用 50% 多菌灵 1 000 倍液或代森锰锌 500 倍液，或用 25% 百克乳油 1 000 倍液或用病克净 1 000 倍液，或用 75% 甲基托布津 1 000 倍液喷施。上述药物可相互交替使用。每周喷一次，直至病消除。③用 1 ∶ 1 ∶ 150 波尔多液预防控制。④及时摘除病叶烧掉。

5. 炭疽病发生与防治

炭疽病主要危害叶片。受害叶片初期叶面产生浅褐色凹陷小点，周围组织黄褐色，后期呈圆形或不规则形黑色病斑，病斑凹陷，中为灰白色或浅黑色，边缘黑褐色。该病一般多使叶或叶缘向下枯萎。一般 5 月前后发生。

防治方法：①用 50% 多菌灵 800 ～ 1 000 倍液，或用 70% 甲基托布津 1 000 倍液喷施。②发病期间用 65% 代森锌 600 ～ 800 倍液，或 75% 百菌清 800 倍液喷施。③用 25% 炭特灵可湿性粉剂 500 倍液，或用 80% 炭疽福美可湿性粉剂 800 倍液，或用百菌清 800 倍液加洗衣粉 0.2% 混合喷施。④人为控制水分，加强光照，改善棚内通风，清除病株。

6. 锈病发生与防治

锈病危害茎叶。发病时茎叶出现淡黄色斑点，叶背面对应位置呈凸出的粉状黄色疙瘩，危害严重时使茎叶枯萎死亡。7—8 月多发病。

防治方法：①基质不能过湿（包括场地），湿度大时不宜有覆盖物（根系上），让其根系通风透光。②用 15% 粉锈宁可湿性粉剂 1 000 ～ 1 500 倍液，或用 50% 萎锈灵乳油 800 倍液，或用 50% 硫黄悬浮剂 300 倍液，或用 5% 粉锈灵乳油 800 倍液进行喷施，每 5 ～ 7 天喷一次，连喷 3 次即可。

7. 疫病发生与防治

疫病一般发生在植株上部心叶基部或幼嫩部及地面处，产生水渍状褐色腐烂，并引向叶尖扩展，引起茎呈水渍状褐病，病重时使茎的 1/3 或 1/2 处烂掉。其原因为多雨、高湿（湿度 85% ～ 95%）、通气差。特别是在气温 25℃以下，连阴雨或阴雨后突晴和高温时易发生。

防治方法：①大棚内或盆栽基质不要渍水，空气湿度控制在 60% ～ 70%，一旦发生应立即拔除病苗，病盆应及时处理，不可利用。②用 72% 克露可湿性粉剂 600 倍液，或用 69% 安克锰锌可湿性粉剂 500 倍液，或用 60% 灭克可湿性粉剂 1 000 倍液喷施。③用 25% 甲霜灵粉剂 600 倍液，或用 40% 疫霉灵可湿性粉剂 250 倍液，或用 40% 甲霜铜可湿性粉剂 700 倍液喷施，或用 50% 甲霜铜可湿性粉剂 600 倍液灌根。

8. 黄斑病发生与防治

黄斑病一般在叶片上发生。发病初期在叶面上生不明显的淡黄色斑点，后扩大为周边不清晰的黄色病斑，病斑中央出现褐色斑点，有时在病叶背面出现黑霉。

防治方法：①栽培时控制好密度，防止浇水过多，并喷施植宝素 7 500 倍液，促使植株早生快长，增加抵抗力。②发病时可采用 75% 百菌清可湿性粉剂 1 000 倍液，或用 70% 甲基硫菌可湿粉剂 2 000 倍液喷施。每 7 ～ 10 天喷一次，连喷 2 ～ 3 次。

9. 叶枯病发生与防治

叶枯病一般从叶尖开始发病。发病初期在叶尖上发生褐色小斑点，有时相邻病斑融合成大病斑，严重时叶枯。

防治方法：①发病初期应及时摘去病叶。②喷施 75% 百菌清可湿性粉剂 600 倍液，或用 50% 扑海因可湿性粉剂 1 500 倍液，或用 40% 克菌丹可湿性粉剂 400 倍液，或用 50% 甲基硫菌灵可湿性粉剂 500 倍液喷施。每 10 天左右喷一次，连喷 2 ～ 3 次。

二、虫害

1. 蜗牛

蜗牛主要爬到植株表面舔食铁皮石斛茎尖、嫩叶、幼芽及幼苗造成孔洞，或咬断造成缺苗断垄。蜗牛通常在夜间活动，白天隐藏。凡是虫体爬过的地方，有白色痕迹易发生菌类寄生，污染植株，使幼苗腐烂。

防治方法：在苗床周围洒蜗克星或敌百虫等农药进行毒杀，或用生石灰、饱和盐水撒于地面，或在床脚周围挖一个深槽放入饱和食盐水，或植物油以及人工捕杀。

2. 蚜虫

蚜虫为害新芽、叶片。5—6 月为害严重。当嫩叶出现时，可用克蚜敏 600 倍液，或用 70% 吡虫林 2 500 倍液喷施。5

天喷一次，连续 3 次即可。

3. 地老虎

地老虎一般在夜晚、清晨食茎叶造成铁皮石斛死亡。发现时可使用辛硫磷 2 000 倍液灌浇预防，或用敌百虫混合麦麸，或将青草（剪成小节）撒于植株周围，虫食后即死，还可人工捕杀。

4. 红蜘蛛

红蜘蛛可用 40% 乐果 1 200 倍液，或用氟杀螨醇 1 000 倍液防治。

5. 潮虫（别名西瓜虫）

潮虫多在潮湿的地下草丛或基质中隐藏，咬食叶片，破坏根系造成铁皮石斛死亡。可用敌百虫 1 000 倍液喷杀，或用灭灵剂喷杀效果很好。

6. 石斛菲盾蚧

石斛菲盾蚧虫常寄生于铁皮石斛叶片边缘或叶背面吸取汁液，引起叶片枯萎，严重时造成植株枯黄死亡，同时还会引起煤污病。5 月下旬是孵化盛期。

防治方法：用敌杀死 500 ～ 1 000 倍液，或用 1 ∶ 3 石硫合剂进行喷杀，或用灭虫灵 4 000 倍液喷杀。

7. 蝗虫

蝗虫在 6 月至 8 月易发生。1 ～ 2 龄时用 1 000 倍乐果乳油液喷杀。但此方法对成虫无效，可用尿液诱杀。即用纯尿 5 千克，加水 50 ～ 80 毫升乐果或敌敌畏等农药原液，将稻草扎成小把浸入尿液中 24 小时，于上午 10 时后，置畦面或放在人行道上，每隔 1 ～ 2 米放一束。用尿液浸过的稻草，借助中午高温，尿的气味会挥发出来，蝗虫闻到尿味前来吸食稻草中的尿而中毒死亡。

8. 鼠害

山鼠爱吃铁皮石斛，鼠害一旦发生，一个晚上山鼠可吃掉很多植株，且一般选最好的植株吃。

防治方法：①毒饵诱杀法。购鼠药拌上米粒或麦置于老鼠常活动的地方。②粘鼠法。购粘鼠板，放在老鼠常活动的地方，一旦老鼠踩上粘鼠板，便再也无法逃脱。③利用蛇类捕杀，铁皮石斛场地常有青蛙、蛇类活动，青蛙可吃害虫，蛇吃老鼠，利用这些动物的天敌也可消灭老鼠。

第八章

铁皮石斛采收

一、茎的采收

1. 采收年限和季节

铁皮石斛栽植后，可延续多年采收，一般生长 2 ～ 3 年时便可开始采收，可根据铁皮石斛生长情况而定。如有的铁皮石斛栽后仅生长一年茎秆顶端生长点便丧失再生能力，特别是茎顶部已开花而不能再延续生长的植株，以及茎秆叶片全脱落的植株，类似这类的单株应及时采收。否则，此类植株既不再生长，又消耗营养，同时与正常生长的植株争水、争肥，影响新生幼苗的生长。甚至造成单株根系发育不好，加之叶片脱落逐渐死亡。

一般采收季节以立冬（11 月）或来年春天幼苗萌动前进行为宜。此时植株已停止生长且茎坚实、饱满、含水量少、折干率高、质量好。但在采收前 2 个月，不能施用无机化肥和喷施农药。

2. 采收方法

采收时可从茎基部 2 ～ 3 厘米处用剪刀剪下。采收的原则是采老留新；采大留小；采多年生和不能再生的植株；采收未感病和无叶片的单株。据湖南省新宁县试验发现，一般当年生植株产量低，每 667 平方米约产 50 千克，两年生植株每 667 平方米产鲜茎约 100 千克，三年生植株每 667 平方米产鲜茎约 200 千克。采收应根据铁皮石斛的生长情况和个人经济状况而定。若铁皮石斛生长好可延迟采收。一般铁皮石斛折干率为 30% 左右。

二、叶的采收

铁皮石斛叶片同样具茎秆的药效作用。因此，在采收茎秆的同时，可摘下叶片晒干，然后置于阴凉处。其叶片可泡茶、浸酒、入膳食。

三、花的采收

铁皮石斛开花十分好看，但除需留种或观赏之外，不能让其自然开花，否则既消耗营养又影响植株生长。若不采收利用，便是巨大的浪费。因此，应待花开放之前及时采摘。采摘后置冰箱内保存，等大批花采完时，将花隔水蒸透，再进行晒干。

铁皮石斛的花也是很好的药品、保健品，比铁皮石斛茎的药效还高。每 100 克干品花市场售价为 1 000 元，加工 100 克干花，大约需 3 400 朵花，故平均每朵花单价为 0.3 元，经济收入可观（由湖南省新宁县罗仲春同志提供）。

第九章

铁皮石斛包装、贮藏、运输

一、包装

将晒干的铁皮石斛按 40 ～ 50 千克打成捆，用无毒、无污染材料严密包装。在包装前应检查其是否充分干燥、有无杂质及异物、包装材料是否符合标准，同时在上面注明品名、品格、等级、毛重、净重、产地、批号、执行标准、生产单位、生产日期等，并附有质量合格标志。

二、贮藏

贮藏仓库要通风、干燥、透光，最好有空调或除湿设备。入库前应按照药品监管部门要求对仓库进行消毒处理，并注意防鼠措施，同时也要防止虫蛀、霉变、腐烂等问题的发生。

三、运输

选用卫生、无污染的运输工具。运输中严防淋雨、受潮、暴晒，严格禁止同有毒物混装、混运。

第十章

铁皮石斛加工、炮制

一、铁皮石斛初加工

1. 鲜加工

将采回的鲜茎直接供药用或将鲜茎除去气生根和叶，用湿沙贮存备用。也可平装在竹筐内，上面盖上薄膜贮存，但在贮存过程中要注意通气，忌沾水而导致植株腐烂变质。

2. 水烫法

将鲜铁皮石斛除去叶片及气生根，在水中浸泡数日，待叶鞘质膜腐烂后用刷子刷去茎秆上的叶鞘质膜或用糠壳搓去质膜，晾干水汽烘烤。烘干后用稻草捆绑并用竹席盖好，不透气时再进行烘烤。但火力不宜大，且要均匀，烘至 7 ～ 8 成干时，再搓揉一次烘干。烘干后取出并喷少许沸水，然后按顺序堆放，用草垫覆盖好，待颜色变成金黄色，再烘至全干即可。

3. 热炒法

将上述净制后的鲜石斛置于盛有炒热的河沙锅内，用热沙将石斛压住，多次上下翻动，炒至微微有爆裂声，叶鞘干裂而撬起时，立即取出置于木搓衣板上反复搓揉，以除净残留的叶鞘，用水洗净泥沙，在烈日下晒干，夜露之后于次日再反复搓揉。如此反复 2～3 次，使其色泽金黄，质地紧密干燥即可。

4. 晒干法

将洗净的茎秆放入沸水中浸泡 5 小时，捞出置于竹席上晒干。每天翻动 2～3 次，晒至全软时，边晒边搓，反复多次，去净残存叶鞘，然后晒足干即可。

5. 铁皮枫斗（耳环石斛）制作

铁皮枫斗其产品美观、运输、包装方便，在短期内易干燥，以保持原有功效。因为在边烘边扭的过程中，茎秆外表皮细胞不透水的角质层受到撕裂，其内部排出水分易从角质层裂缝透出，通过深加工，可将铁皮石斛制成“枫斗精”“口服液”“石斛茶”等多种产品。

方法：加工成螺旋状圆柱体（商品药材），南方称“铁皮枫斗”，北方称“耳环石斛”。即将铁皮石斛茎以下剪去气生根后，用小火烤软，扭成缧旋形或弹簧状后烘干，俗称“铁皮枫斗”或“耳环石斛”，或取初加工之后的铁皮石斛边炒边扭成螺旋状。在加工过程中，将多余的细根除掉，只留两根者称为“龙头”，完好地保留茎末梢者称为“凤尾”。

6. 破碎加工

古时加工主要用切、细锤、拍打、捣等方法。

二、铁皮石斛炮制法

1. 干制法

铁皮石斛除去须根及杂质、洗净、切段、干燥。铁皮石斛除去须根洗净，搓去薄膜、切段。

2. 水制法

水制法主要是用水“浸、洗”，或用酒浸渍润透后再用于“煮汤”，或用“酒浸”，或“洗后再晒干”。

3. 火制法

火制法主要有炒、炙、焙等，炒有清炒、酒炒、盐水炒等。清炒是主要用于临床使用药材的处理方法，并非用于商品流通。浸酒炒、盐水拌炒法要去土，酒浸需焙干。

4. 水、烘制法

水、烘制法包括煮制和蒸制。

煮制：煮制法在铁皮石斛入丸成剂时较常用。

蒸制：在炮制铁皮石斛时较为常用。通常用酒浸洗，搅拌。处理后再蒸，酒处理后蒸制，是古代铁皮石斛炮制的主要方法，蒸后晒干。

第十一章

铁皮石斛药食两用适宜的人群

①日常用于滋阴保健、轻身延年。

②阴虚体质或阴虚病症、眼睛干暗、腰膝酸软、头晕乏力、口干舌燥、呼吸道急症、咽喉疼痛、上火者宜食用。

③养阴清火，睡眠不实、心神烦躁不安、盗汗、大便秘结者宜食用。

④养阳补虚，熬夜多、夜生活过度、长期饮酒、吸烟过度导致的肝肺受损者宜食用。

⑤养阴润喉，唱歌、演员、播音员、电视主持人、教师等用嗓子多者宜用。

⑥养阴明目、多用各种眼病患者、视力差以及用眼看电视、用电脑、玩手机、看书等用眼过度者宜用。

⑦中医诊断为阴虚体弱者宜用。

⑧女性润肤、美容者宜用。

⑨生活不规律导致的胃肠痰症、胃炎、糖尿病、肝胆病、心脑血管病、肿瘤患者、“三高”病患者宜用。

⑩清中有补、补中有清，虚而有热者最为适用，是补虚损、壮筋骨的特效药。

第十二章

铁皮石斛的应用

铁皮石斛同其他中药材相比，使用方法较多。既简单、又方便；既能做茶饮、膳食饮用，又能同其他中药材配伍应用；既能初加工、又能进行深加工且提取物用于多方面，是药食两用的最佳品。

铁皮石斛应用原则：铁皮石斛“清养胃阳”，调理治病是最妙之品。“虚病宜干”“实症宜鲜”，若肺胃火炽，津液已耗、舌质深赤干燥或焦黑者饮末，必须鲜用。清热生津效果好。

一、铁皮石斛应用方法

1. 鲜用

鲜茎、叶、花可泡茶饮；茎可榨汁饮用；鲜茎可煮粥或同鸡、鸭、猪肉、排骨、猪蹄、猪肺、羊胎、鸽子、泥鳅等炖煮食用；用其他中药配伍泡酒饮用，每次用量为 15 ～ 30 克。

2. 干用

汤药用时先煎久熬；将茎剪成 0.5 厘米长的小节当茶饮；粉碎成细末冲泡，或煮沸饮服，或煮粥食用；同鸡、鸭、鸽子、猪肺、猪蹄、排骨、泥鳅等食用；同其他中药材配伍泡酒或磨成细粉制成蜜丸，制膏用（即单味药久熬成膏后使用）；

深加工提取物可制成针剂、口服液、胶囊、饮料、化妆品等用；同其他中药材配伍水煎服，用量为 6 ～ 15 克。

二、铁皮石斛食用方式

1. 铁皮石斛茶饮方法

（1）铁皮石斛单味茶饮

鲜（干）铁皮石斛适量，先刮去外表一层白皮，然后剪成0.5 厘米长的小段，放在锅内加清水若干，先烧开，再转文火熬半小时左右，倒出液汁代茶饮。反复煎煮，直到铁皮石斛无味为止，然后将渣吃下。可治胃有虚热、津液不足、饮食不香、咽干、口燥等症。

（2）鲜铁皮石斛狗尾草茶

铁皮石斛、狗尾草各 15 克，冰糖适量。水煮（方法同上），代茶饮。治咳嗽。

（3）鲜铁皮石斛连翘麦冬茶

鲜铁皮石斛 15 ～ 30 克，连翘、天花粉、麦冬各 15 克。水煎代茶饮用。治疗高热。

（4）鲜铁皮石斛五味子茶

鲜铁皮石斛、麦冬、五味子各 9 克。水煎代茶饮。治病后虚热、止咳。

（5）鲜铁皮石斛瓜蒌茶

鲜铁皮石斛、枇杷叶、瓜蒌皮各 9 克，生甘草、桔梗各 3 克。水煎代茶饮。治肺热干咳。

（6）鲜铁皮石斛黄精茶

鲜铁皮石斛 12 克，黄精 9 克，麦冬 9 克，糯稻梗 9 克。

水煎代茶饮。治疗慢性胃炎（胃酸缺乏者）。

（7）鲜铁皮石斛绿茶

鲜铁皮石斛、绿茶适量。小火煮10～20分钟。每天代茶饮。有白齿、固齿的功能。

（8）鲜铁皮石斛谷芽茶

鲜铁皮石斛、麦冬、谷芽各10克。用沸水浸泡或煮，代茶饮。治阴虚、治疗胃热、呕逆少食、咽干口渴。

（9）铁皮石斛三焦茶

铁皮石斛15克，焦山楂、焦麦芽、焦神曲各9克，干青果（捣碎）15枚。水煎代饮。可开胃消食、生津止呕。用于肺胃阴虚的食欲缺乏、干呕干咳等症。

（10）铁皮石斛菊花麦冬茶

铁皮石斛10克、青果（捣碎）5枚、菊花6克、荸荠（去皮）5枚、麦冬9克、鲜芦根（切碎）2支、桑叶9克、竹茹6克、鲜藕10片、黄梨（去皮）2个。水煎代茶饮服。生津养阴，清热润燥。用于口干咽燥、烦渴干咳的秋燥症，亦可用于治疗温热内盛、肺胃津伤、口干燥渴、咳唾白沫、黏带不畅等症。

（11）铁皮石斛蔗糖饮

铁皮石斛30克、甘蔗500克。铁皮石斛水煎取汁，甘蔗去皮，切碎绞取汁液，然后将两汁混合饮用。有养阴的功效。

（12）铁皮石斛枸杞汤

铁皮石斛、枸杞子、女贞子各15克，菊花10克，水煎代茶饮，治阴虚。

（13）西洋参铁皮石斛茶

西洋参5克、铁皮石斛30克，将西洋参、铁皮石斛打成粉，开水冲服或煮沸代茶饮。也可两者打粉1 ：1等量，用开水冲服代茶饮，两味配伍为食疗茶饮。具有明显的滋阴养胃、生津止咳功效。对胃阴虚型白血病并发症、口腔炎患者有较好的辅助治疗效果，尤适宜青少年、儿童及老年人的白血病患者。

（14）铁皮石斛干花茶

取铁皮石斛干花10克（一人一次量），先煎煮半小时，再置保温杯半小时，便可以喝汤，吃下花瓣；或取花2克，将花放在杯中，用沸水冲泡当茶饮。铁皮石斛花性凉，风寒感冒、脾胃虚者忌用。

（15）铁皮石斛洋参枸杞茶

铁皮石斛2克、西洋参2克、枸杞5克。三味药一并放在杯中，用沸水泡当茶饮。有润肺、养胃生津、舒肝解郁带之功效。补气养阴、畅剂气机，也可以缓解释放精神压力，容易疲劳、心情烦躁、抑郁不舒者可多饮用。

（16）铁皮石斛玉竹茶

铁皮石斛、玉竹各5克，绿茶3克，冰糖适量。先将铁皮石斛、玉竹用300毫升水煮沸20分钟，取汤汁冲泡绿茶，盖好闷5分钟，放入冰糖调均匀即可。每日一剂，用作饮茶。适宜于糖尿病患者、口干者多饮用。

（17）铁皮石斛麦冬茶

铁皮石斛12克、麦冬10克、绿茶5克。用清水洗净上述三味药，与绿茶一并放入杯内，用开水冲泡闷15分钟（或者煮熬）即可用。每日一剂，代茶饮。养阴和胃，理气解郁。主治阴虚火旺、大肠燥结。体虚偏寒，怕冷者忌服。

（18）铁皮石斛枸杞茶

枸杞5克、铁皮石斛3克，冰糖适量。先在砂锅中注入清水，用大火煮开，倒入备好的铁皮石斛，用中火煮20分钟。关火后捞出铁皮石斛，将枸杞、冰糖投入杯中，盛入煮好的药汁，浸泡片刻即可，代茶饮。滋阴明目，益胃生津，主治便秘。

（19）铁皮石斛沙参山药汤茶

铁皮石斛15克、玉竹12克、麦冬12克、北沙参15克、山药10克、甘蔗汁250克。前5味药加水煎汁和蔗糖汁代茶饮。适用于口干恶心，食欲不振。

（20）铁皮石斛冰糖茶

铁皮石斛15克、冰糖适量或铁皮石斛6克，加水煎煮，然后加进冰糖。每日一剂，代茶饮。可除掉烦躁、口渴、口干、不思饮食。

（21）铁皮石斛乌梅茶

铁皮石斛15克、玉竹15克、北沙参15克、麦冬15克、乌梅9枚。水煎取汁加冰糖适量调味，代茶饮。治热病伤阴、夏天出汗引起的口干、大便干燥。

（22）铁皮石斛沙参茶

铁皮石斛5克、川贝母3克、沙参5克。将川贝母砸碎、沙参、铁皮石斛切成小段，一起置入茶杯内，倒入沸开水，盖严杯盖，浸泡20分钟左右，即可代茶饮。反复用开水浸泡数次，直至无味。每日一剂，治肺阴耗伤，肺气上逆的咳喘症、咳嗽、喘逆，日久不忍，无咳无痰，舌尖无苔。

（23）铁皮石斛半夏茯苓麦冬茶

铁皮石斛15克，石膏、玉竹、南沙参各12克，天花粉6

克，山药、茯苓各 9 克，麦冬 6 克，陈皮 3 克，清半夏 5 克，甘蔗 90 克。水煎代茶饮，治糖尿病。

（24）铁皮石斛玄参茶

铁皮石斛 20 ～ 50 克、玄参 10 克。将铁皮石斛洗净拍破，切成小段，同玄参一起放入砂锅内，加水煮 20 分钟，代茶饮。治胃火上冲、心中烦闷、惊悸不安、两腿痿软无力、不能行走，慢性胃炎，咽喉炎，食管炎。

（25）铁皮石斛麦冬沙参茶

铁皮石斛、生地黄、麦冬、沙参等量，研成细末、按每包 3 克装好备用。每日两次，每次 3 克，用沸水浸泡当茶饮直至无味，或直接将粉末用温开水冲服均可（用量同上）。用于治疗阴虚内热、口干燥渴以及胃阴不足、舌绝少津等症。

（26）铁皮石斛清咽茶

铁皮石斛、玄参、麦冬各 10 克，黄芩、浙贝母各 6 克，薄荷 3 克，磨成细末，装入备用。每日 3 次，每次 2 克，用沸水浸泡当茶饮。也可直接用温开水冲服，用量同上。清热养阴，降火理气，用于调治慢性咽喉炎等症。

（27）铁皮石斛当归苁蓉茶

铁皮石斛、当归、红参、肉苁蓉、附子、川芎、桂枝各 15 克，白茯苓、熟地黄、白术、桑螵蛸、磁石各 30 克。磨成细末备用。每日 3 次，每次 3 克，用时开水浸泡当茶饮，直至无味。也可直接用温开水冲服（用量同上）。也可煎煮去渣服用。用于治疗虚损不足，胃虚体弱，神疲乏力，耳鸣、气短不足等症。

（28）铁皮石斛淫羊藿茶

铁皮石斛、淫羊藿各 30 克，苍术 15 克。研细末备用。

每日 2 次，每次 3 克。用沸开水浸泡当茶饮，或冲服（空腹服）。也可制成颗粒或蜜丸服用。治疗眼目，昼夜精明、夜昏暗。

（29）铁皮石斛急性喉炎茶

铁皮石斛 30 克、杠板归 75 克、一枝黄花 15 克。每日一剂，水煎代茶饮。可治疗急性喉炎，缓解咽喉肿痛。

（30）铁皮石斛清热茶

铁皮石斛 5 克、冬麦 5 克、连翘 5 克、桑叶 3 克、茉莉花 1 克。先将铁皮石斛切成小段，再同其他药汤一起置入茶杯内，倒入煮沸的水，盖严杯盖，浸泡 20 分钟左右即可代花茶饮。用于治疗热病后期热邪伤服，阴津耗伤，余热未清的口燥、烦渴，低热不退，舌红少苔。

（31）铁皮石斛养肾茶

铁皮石斛 5 克、枸杞 5 克、生地 5 克、菊花 5 克。将生地和铁皮石斛切成小段，与其他药物一起置入茶杯内，倒入刚沸开的水，盖严杯盖，浸泡 20 分钟左右即可代茶饮用。反复加入沸开水浸数次直到无味，每日上午和下午各泡一剂服用。也可煮熬服用。用于治疗肝肾阴虚、眼目失养所致的视物昏花、目暗瞳散、头晕神疲。

（32）铁皮石斛养胃茶

铁皮石斛 5 克、藿香 5 克、陈皮 5 克。先将铁皮石斛洗净和藿香切成小节，陈皮撕碎，一起置入茶杯内，倒入开水，盖严杯盖，浸泡 20 分钟左右即可饮用。可反复加开水浸泡数次，直至无味。每日上、下午各泡一剂饮用。用于治疗邪热壅胃，胃阳不足，胃气上逆。

（33）铁皮石斛生津养胃茶

单用本品铁皮石斛适量，水煎服代茶饮。可治疗胃有虚热，津液不足，干咳，饮食不香等症（脾胃虚寒者禁用）。

（34）铁皮石斛生津止渴茶

西洋参 3 克、铁皮石斛 5 克。水煮至开代茶饮，可养阴盖胃，生津止渴，调节肝胃，防治糖尿病，增强食欲，补气提神，抗疲劳。

（35）铁皮石斛花茶

铁皮石斛鲜花 2 克，将花放在杯中，用开水冲泡，代茶饮，味淡后，取花嚼食。其花清香，宜于冲泡饮用。

（36）铁皮石斛加味连梅茶

铁皮石斛、怀山药各 12 克，阿胶 4.5 克，西洋参、黄连、乌梅各 3 克，麦冬、生地、北沙参、木瓜各 6 克。每日一剂，每剂煎 2 次合并煎汁服。兑入阿胶浆服用。清热除湿，解毒救逆，用于治疗疫毒痢、内伤饮食、胃肠受损。

（37）铁皮石斛枸杞茶

铁皮石斛 20 ～ 30 克，将铁皮石斛切片或拍破，加红枣几粒，枸杞 15 ～ 20 克，加清水若干（根据配水量），先武火煮沸，再以文火煮 30 分钟以上，然后饮服。或直接用开水冲泡饮服，饮完之后连渣吃下。

（38）铁皮石斛麦冬茶

西洋参、铁皮石斛、麦冬各适量，用开水冲泡或煮水饮服。可以滋阴补气、滋阴降火。适宜常熬夜、睡眠质量差、肝火旺、易怒人群，以及体虚乏力、烟酒过度人群。

（39）铁皮石斛麦冬陈皮茶

西洋参、铁皮石斛、麦冬、陈皮各适量，加水煮 30 分钟作为茶饮，可以解决睡眠质量差的问题。

2. 铁皮石斛食疗方法

（1）鲜吃

将铁皮石斛洗干净，刮去外表一层白皮，切成 0.5 厘米长小段，放在口里咀嚼咽下即可。

（2）煎汤服用

鲜铁皮石斛洗干净，切碎或拍破，置锅内加水，烧开转小火煮熬 1 小时以上，连渣食一同咽下。还可用鲜铁皮石斛 10 克，加水煮 30 分钟后喝汤。此法食疗可延神。

（3）铁皮石斛汁液蜂蜜汤

将铁皮石斛洗净，取 50 克切成 3 ～ 5 厘米长的小段，放入榨汁机内，加 500 ～ 1 000 毫升水，启动榨汁机 3 ～ 5 分钟，然后取出加适量开水、蜂蜜或糖，直接服用。此外，也可取榨汁液洗面部，养颜美容。

（4）铁皮石斛叶或花瓣炖鸡

用铁皮石斛叶或花同鸡肉炖食用。

（5）铁皮石斛柏叶猪鼻汤

猪鼻肉 60 克、生柏叶 30 克、铁皮石斛 6 ～ 10 克、柴胡 10 克、蜂蜜 60 克、30° 米酒 30 毫升。将猪鼻肉洗干净，然后同生柏叶、铁皮石斛、柴胡一起放入锅内，加水 4 碗、煎至 1 碗，取汁再冲入蜂蜜，米酒调好饮用。每日一剂，3 ～ 4 剂为一个疗程。主治清热通窍，养阴扶正，适用于慢性鼻炎。

（6）铁皮石斛粥

鲜铁皮石斛 5 ～ 10 克、粳米 50 克，冰糖适量，加水煮熬至熟为止食用。养胃生津、滋阴清热。适用于热病津伤、心烦口渴、病后津亏、虚热不退、胃虚隐痛或兼干咳等症。

（7）铁皮石斛花生米粥

铁皮石斛 50 克，花生米 500 克，盐、大茴香各 3 克，山柰 3 克。先将铁皮石斛洗净，切成 1 厘米长的小段，放入锅内加水适量，放盐、大茴香、山柰。把花生米倒入锅内，大火烧开，再转至小火煮 1 ～ 2 小时，花生米入口为粉质时，即可食用。养阴润燥、清热生津，补虚扶士。适用于脾胃阴虚、咽干津少、舌无苔、咳嗽痰少、养肠润燥、便秘、乳汁清稀的病人。本品温热病初期不宜用，又味甘助湿，湿温未化燥者忌用。

（8）铁皮石斛玉竹粥

铁皮石斛、玉竹各 10 克，粳米 120 克。先洗净铁皮石斛和玉竹，砂锅内放入适量水，烧热，然后倒入玉竹、铁皮石斛大火煮沸，再倒入粳米搅拌均匀，盖上盖，用小火煮 30 分钟至煮熟，便可食用。滋阴润燥，生津止渴，主治便秘。

（9）虫草铁皮石斛汤

生蛤蚧一对、冬虫夏草 5 条、铁皮石斛（干）5 克、瘦猪肉 200 克、陈皮少量，煮熟食用。具有养阴生津、滋补肝肾的功效。

（10）铁皮石斛西洋参乌鸡汤

乌鸡一只、铁皮石斛（干）15 克、西洋参 30 克、山楂 15 克，姜片、葱段、料酒、盐、鸡精适量，炖煮食用。补中益气、生津、恢复体力、抗疲劳。

（11）铁皮石斛鸭、鸡汤

铁皮石斛适量、洗净、切成 0.5 厘米长小段，同鸭或鸡、骨头或肉炖煮食用。

（12）人参铁皮石斛鸽子汤

人参 3 克、铁皮石斛 30 克、枸杞 30 克、鸽子肉 300 克、陈皮 10 克，黄酒、盐、味精各适量。把鸽子杀后，去除内脏，洗干净，然后放入沸水中煮，洗净血水。人参加水浸泡 24 小时，切成小段，再把铁皮石斛洗干净拍破，将铁皮石斛、人参、鸽子放入锅中加水浸泡，放入黄酒、盐，煲 3 小时，再放入枸杞、陈皮。炖煮熟后食用。鸽子有益胃益气功能，人参补气，铁皮石斛养阴，枸杞益精，陈皮理气，各种药食互相配合，起到益气养阴、补虚健身的作用，适合健康者调补食用。

（13）铁皮石斛野生水鸭汤

水鸭一只、铁皮石斛 10 克（鲜 30 克）、冬虫夏草 5 ～ 10 条、瘦肉 50 克，炖煮食用。本品生津止咳、养气解暑、夏天上火时服用最好。

（14）铁皮石斛瘦肉汤

猪瘦肉 100 克，铁皮石斛、芦根各 30 克，盐适量，炖汤服用。养胃阴，除烦止渴，口干舌燥、形体消瘦、大便干结者最适宜用。

（15）西洋参铁皮石斛瘦肉汤

猪瘦肉 160 克，西洋参 6 克，铁皮石斛 10 ～ 15 克，姜片、葱段各少许，盐。先将水烧开，把已洗好的瘦肉倒在锅内，除去血水，捞起后备用。然后烧开水，再把肉和姜片倒入洗净的西洋参、铁皮石斛，加盐，用小火煮30分钟至熟透，放入葱即可食用。有润肠通便的功效，主治阴虚燥型便秘。

（16）铁皮石斛冬瓜老鸭汤

鸭块500克，冬瓜240克，铁皮石斛20克，料酒15毫升，姜片、葱段、盐适量。先将鸭肉块放入锅内加水烧开，除去血水之后捞出沥干备用。然后将铁皮石斛洗干净，拍碎切成小节放入锅内加足水，同时放入鸭肉块，料酒15毫升，盐、姜片少许。烧开后转小火继续炖煮30分钟。再将冬瓜去皮切成小块放入锅内，炖煮20分钟至冬瓜熟透，放入葱段即可食用。

（17）铁皮石斛鳝鱼汤

黄鳝500克，当归、党参各12克，铁皮石斛（干）15～20克，料酒10毫升、生姜12克，大蒜、醋、盐、酱油、葱段、味精、胡椒粉各适量，炖煮食用。

（18）铁皮石斛银耳汤

铁皮石斛、银耳各12克，冰糖150克，鸡蛋一个，猪油少许，炖汤服用。治高血压、血管硬化、肺虚久咳、久病体弱、神经衰弱、失眠等症，患者坚持服用，有明显的效果。

（19）铁皮石斛炖猪蹄汤

铁皮石斛（干）15～20克，黄花菜30克，猪蹄1～2个，冰糖、料酒、盐、味精、姜片、葱段适量，炖煮食用。

（20）铁皮石斛小麦鹌鹑汤

鹌鹑一只，母鸡肉250克，铁皮石斛、浮小麦、淮山药各25克，枸杞、龙眼肉各15克，姜8克，盐适量，炖煮熟食用。滋阴补虚，养气活血，补治胃阴虚导致的心烦、口燥、盗汗等症状。

（21）铁皮石斛海参汤

铁皮石斛（干）30克、海参3只，炖煮食用。具有滋阴养颜、补肾益精、养血润燥等功效。

（22）铁皮石斛沙参黄精茯苓汤

铁皮石斛 10 克，玉竹、南沙参、黄精、熟地、淮山药、茯苓各 12 克，陈皮 5 克。加瘦猪肉或鸡肉适量，用开水 8 碗煮至 3 碗。食用时加盐、调味即可。对糖尿病消渴者、烟酒过多致肝胃诸症颇有疗效。

（23）铁皮石斛淮山药鲜鱼汤

铁皮石斛 15 克、淮山药 30 克、党参 35 克、鲜鱼 500 克、姜片适量。上述药洗净浸泡 30 分钟，洗净鱼肉放入沸水去掉异味，捞起沥干待用。烧 2 汤匙油，燥香姜片，再放入鲜鱼大火爆炒 2 ～ 3 分钟，盛入瓦煲内，瓦煲内放入适量清水，然后再放铁皮石斛、淮山药和党参，大火煮开，再改小火煲 2 小时，加盐调味即可。益胃生津、健脾补肾、清阴养颜润肤，对糖尿病患者有辅助治疗作用。

（24）红参铁皮石斛竹丝鸡

红参 3 克、铁皮石斛 5 克、竹丝鸡 150 克，姜片适量。将竹丝鸡去毛洗净切块，再与洗净的药材放进锅内，加清水 300 毫升，武火隔水炖 2 小时至熟服用。适用气阴两虚之人，神疲乏力、虚劳烦热、口干舌燥、失眠多梦、崩中带下等症。

（25）铁皮石斛炖雪梨

铁皮石斛、生地黄各 10 克，雪梨 1 ～ 2 个，加清水半碗，放炖盅内隔水炖 1 小时。食雪梨饮汤，每日 2 次。有养阴清热、生津之功效。用于糖尿病并发咽炎属虚火者。

（26）铁皮石斛核桃梨清脾生津汤

鲜铁皮石斛15克、鲜梨50克、核桃仁15克、花生米15克、鸭肉200克。先将铁皮石斛、鸭肉放进锅内，加水煮半小时，再将其余药材一并放入，用大火煮开，再用文火炖1小时，即可食用。清热祛痰热，健脾利水湿。

（27）铁皮石斛板蓝根金银花汤

鲜铁皮石斛12克、西洋参12克、板蓝根15克、金银花15克。先将铁皮石斛放入锅中，加水煮半小时，再将其余药材一并放入，煎煮1小时，滤其汁，然后再加水煎煮，合并2次煎汁服用。滋阴清肺，能有效地预防流行性感冒。

（28）野山花旗参炖铁皮石斛汤

野山花旗参、铁皮石斛各6克，蜜枣4枚，适量瘦肉或去皮鸡肉。把上述材料一同放入锅内，加开水适量，文火煮至肉熟烂即可服用。具有补齐生津、益胃参阴的功效。

（29）养阴滋肾汤（一人份）

铁皮石斛、冬虫夏草、白芍、山萸肉各15克，桑椹子、女贞子、旱莲草、熟地黄各25克。清水4碗煎1碗。铁皮石斛既补肝肾又滋阴，加上冬虫夏草、白芍、桑椹子、山萸肉等都是滋阴的中药，最适宜阴虚人士补肝肾之用。

（30）铁皮石斛泥鳅汤

铁皮石斛15克，小泥鳅10条，生姜15克，植物油、黄酒、盐、味精、胡椒粉适量。先将铁皮石斛入锅内，加水浸泡1小时，再煮1小时。生姜切片备用。泥鳅刮开洗净沥干，锅中放油烧成7成熟，下生姜略加煸炒，再下泥鳅煎烤3分钟，然后把铁皮石斛连同汁倒入，放黄酒、盐、盖上盖焖煮5分钟，加胡椒、味精煮沸一会，盛起食用。铁皮石斛是性凉药物，与泥鳅之温性的作用，调补阴阳，有助于健身补益。

（31）铁皮石斛炖猪蹄

铁皮石斛 10 克，猪蹄 300 克，沙参 10 克，盐 5 克，料酒 10 克，胡椒 2 克，葱、姜片各适量，猪骨汤 1 000 克。猪蹄多次浸泡去除血水切片，沙参切片，汤锅中放入猪骨汤，然后再投入铁皮石斛、猪蹄块、沙参，加盐、料酒、葱、姜片、胡椒粉调味，煲50分钟左右，熟后即可食用。清肺热、止烦渴。本品对消型糖尿病人有较好的食疗效果。

（32）铁皮石斛羊胎瘦肉汤

羊胎一对、瘦肉 200 克、铁皮石斛 10 克、盐适量。将羊胎漂洗干净，瘦肉切成块与铁皮石斛合煲3小时至煮熟，加盐、调味即可食用。清热生津，养胃和阴，滋润美容。

（33）铁皮石斛北沙参大枣汤

生地 8 克、铁皮石斛 10 ～ 15 克、北沙参 12 克、大枣 5 个、猪瘦肉 300 克，同炖煮食用。滋阴治关节肿痛。

（34）铁皮石斛当归羊心汤

当归、铁皮石斛各 10 克，羊心 1 个，盐、羊肉汤、胡椒粉适量，炖煮食用。补益精血，健神益智，治健忘、记忆力减退。

（35）铁皮石斛牛膝猪蹄汤

铁皮石斛、怀牛膝各 15 克，猪蹄 2 个，料酒、盐适量，炖煮食用。治糖尿病。

（36）铁皮石斛大枣猪肉汤

铁皮石斛、葫芦茶各 10 克，大枣 5 个，猪瘦肉 100 克，盐适量，炖煮食用。治糖尿病。

（37）铁皮石斛人参乌鸡汤

铁皮石斛、人参须各10克，大枣5个，乌鸡一只（350克）。将乌鸡洗净同上述药炖煮，加少量盐。先大火煮开，转文火煮1小时，熟后可食用。主治胃气不足、消化不良、益滋养胃。

（38）铁皮石斛乌鸡汤

浮小麦10克，西羊参5克、铁皮石斛10克、乌鸡半块、猪瘦肉50克、生姜5片。将上述药材浸泡，乌鸡、猪瘦肉切片与生姜片一起放入瓦罐内，加适量水和盐，大火煮沸后，改文火煮约1.5小时，熟后即可食用。还可用铁皮石斛6克，当归6克，党参5克，枸杞适量，乌鸡一只，山药若干，盐、姜、葱、料酒、黄酒适量。先将鸡洗干净，切成小块或整鸡加姜、葱、料酒、水淹过。铁皮石斛先后加温水泡软，剪成小段，入汤煲中强火煮半小时，再下乌鸡及其他中药材，再小火煲一小时。山药切片或块入汤，开中火煮熟，加盐调味即可。

（39）铁皮石斛沙参汤

铁皮石斛10克，猪肺300克，沙参10克，盐5克，料酒10克，胡椒粉2克，葱段、姜片适量，猪骨汤1 000克。猪肺多次浸泡清洗除去血水并切片，沙参切片。汤锅中放入猪骨汤，放入铁皮石斛、猪肺块、沙参片，加盐、料酒、葱段、姜片，胡椒粉调味，煲50分钟即可。

（40）铁皮石斛桂圆汤

铁皮石斛10克、桂圆10个、白糖10克。铁皮石斛同桂圆一起放锅中加水，放入白糖，烧开后，小火煮1小时即可，不能久煮。具有补脾健胃，补血益智，除烦清热的功效。

（41）铁皮石斛枸杞猪肉汤

铁皮石斛 12 克、枸杞 9 克、山萸肉 9 克、淮山药 12 克、猪瘦肉 500 克。将猪肉洗净，铁皮石斛浸泡切碎，同枸杞等共入瓦罐煲内，加 4 碗水，适量料酒，大火煮开，小火煲 3 小时，加盐调料，分次食用。治气血虚弱、精神不振、视力模糊。

（42）铁皮石斛羊心汤

当归、铁皮石斛各 10 克，羊心 1 个，羊肉汤、盐、胡椒粉适量。炖煮熟食用。可补益精血、益智。

（43）铁皮石斛西洋参汤

铁皮石斛 12 克、西洋参 12 克、龙眼肉 60 克、白糖少量。将上述药物置锅中，隔水炖成膏状。每次一汤匙，每日两次。治气血两虚、心惊气短、失眠健忘、自汗、盗汗等症。注意食积者不化、胃脘冷、脾胃虚寒、腹泻、冷病者，不宜服用。不能与藜芦、萝卜、茶叶同时服用。

（44）铁皮石斛玉竹老鸭煲

老鸭一只（约 500 ～ 700 克），嫩笋干 150 克，鲜铁皮石斛 15 克（1 人量），玉竹 10 克（1 人量），生姜、食盐适量。杀鸭去毛和内脏，用温水洗净，放沸水中煮 5 分钟，再用凉水洗净。鲜铁皮石斛洗净，用刀拍破，切成小段，嫩笋干加水浸泡洗净。把鸭、笋干及铁皮石斛、玉竹同时放在锅中，放生姜，加足量水，用小火煲 2 小时，放食盐，再煮 3 分钟即成。鲜铁皮石斛、玉竹都有养阴胃生津、清热养阴的药效，老鸭有养阴功效，笋干味道是鲜美的佳蔬，与老鸭煲煮，会吸收其中的脂质，使鸭肉吃起来不油腻。

本膳中的玉竹润燥补虚。古人用于去面黑美容，近代用于强心防治心脏病，它还具有降血压、降血糖的作用，高血压、高血糖患者都可以吃。

（45）铁皮石斛野鸭煲

野鸭一只，铁皮石斛 30 克，北沙参 12 克，玄参 10 克，生甘草 5 克，葱、盐适量。铁皮石斛、北沙参、玄参、甘草加水浸 1 小时，煎煮 2 小时，取汁备用。野鸭去毛、内脏用温水洗净，放沸水中煮熟，吃鸭肉喝汤。

野鸭是清补佳品，铁皮石斛、北沙参、玄参均有养阴润燥之功，合而用于烟酒过度、津液伤损者食用。甘草既能清咽，又有助于矫味。

（46）铁皮石斛珍珠鲍鱼汤

珍珠鲍鱼 1 只（1 人量），铁皮石斛 15 克（1 人量），鲜山药 150 克，猪排骨 150 克，生姜、食盐适量。鲍鱼洗好后，去除黑秽（如是鲍鱼干，先放冷水中浸泡 24 小时，再用刷子刷洗净，放开水锅中煨 2 小时，离火后焖 5 ～ 6 小时即可）。猪排骨切块，用沸水煮一下洗净；铁皮石斛洗净，用刀拍破，切成小段；山药、生姜洗净切成小块；取洁净砂锅，先放排骨垫底，再放鲍鱼、鲜铁皮石斛、山药、加适量沸水，放食盐盖好炖 1 小时，调味食用。铁皮石斛细嚼食用，本膳肉香夹杂着鱼香，使人增添食欲。山药、铁皮石斛嚼之软糯、汤汁鲜美，是一道上好的佳肴美食。从用途来说，养阴补精气，对于劳损不足、肾虚精少，腰膝酸软，气短精疲，头晕眼花，都有调补效果。

（47）铁皮石斛银耳燕窝汤

铁皮石斛 15 克、银耳 5 克、冰糖适量（1 人量）。鲜铁皮石斛洗净，用刀拍破，切成小段，放榨汁机中榨取汁备用；榨汁的渣加水煮15分钟，滤取汁备用，如果是带叶的鲜铁皮石斛，可先洗净后，摘取叶片，切取部分嫩枝，一并切成细丝备用。银耳在30～35℃的温度水中浸泡30分钟，待其发透后去蒂头洗净，撕成小丝，冰糖加水煮成汁，作点心食用。燕窝与银耳都是养阴的美食，但后者价格便宜。医书上称银耳补肺益气、养阴润燥，用于病后体虚，肺虚，久咳，痰中带血、崩漏，大便秘结，高血压，血管硬化等症。本膳配用鲜铁皮石斛，滋阴之性更好，可以用来润养补虚，能使口不干、嘴不臭、心神平静、睡眠踏实。

（48）治疗虚热不退、口燥咽干、胃痛不呕粥

铁皮石斛30克、加水200毫升，煎后取汁去渣，加粳米50克煮成粥，加冰糖适量溶化，调匀温服。

（49）补血滋阴保健汤

铁皮石斛、灵芝、红参、黄芪、当归、红枣，炖鸡汤饮服。

（50）补充体力保健汤

铁皮石斛、红旗参（西洋参）、瘦肉、姜片，炖煮汤饮服。

（51）护肝生津汤

灵芝、铁皮石斛、红胶、枸杞、姜片，同鸡肉炖食或同鸽子肉炖煮食饮。

（52）养生汤

铁皮石斛、豆腐、炖煮食用或灵芝、西洋参、铁皮石斛同鸡肉炖煮汤饮。

（53）大补元气汤

虫草、桂圆、铁皮石斛、枸杞、灵芝，炖羊肉食用。

（54）治热病伤津汤

心烦口渴、病后津亏、虚热不退、胃虚者可用鲜铁皮石斛30克，水煎取汁，加粳米50克，煮食用。一日2次，稍温顺服食。

3. 铁皮石斛浸泡酒饮用方法

（1）铁皮石斛西洋参枸杞养生药酒

铁皮石斛50克、西洋参20克、枸杞30克、40°以上白酒1 000毫升。三味药一起浸泡3个月后，可饮用。

鲜铁皮石斛500克用清水洗净，配枸杞50克、西洋参30克（可根据情况确定配量），白酒4 000毫升，泡酒2个月后，早晚适量饮服。

（2）铁皮石斛补肾延寿酒

熟地黄、当归、铁皮石斛各100克，川芎40克，菟丝子120克，杜仲50克，泽泻45克，淫羊藿30克，白酒1 500毫升。将上药洗净，浸泡30天，即可饮用。主治精血虚所致早衰，可治疗阳痿、腰膝酸痛等症。具有补精血益肝肾、通脉降浊疗虚损、补肾固精、滋补活血的功能。

（3）铁皮石斛杜仲酒

铁皮石斛85克、杜仲120克、熟地150克、丹参90克、肉桂60克、牛膝45克、白酒4 000毫升。上述药材碎成粉末，用布包好，浸在酒中，约30天左右即可饮用，每天2次，早晚饭前空腹饮20毫升。孕妇禁饮。具有补肾虚、壮筋骨之功效。主治腰膝酸痛、行走无力、筋骨痿软等症。

（4）铁皮石斛当归酒

铁皮石斛6克，白术、细辛各4克，当归24克，防己、独活各 5 克，白酒 1 000 毫升。将上述药物用纱布包好扎紧口，放入盛白酒的瓶内封口，浸泡 7 天即可。可镇心止惊，适用于治疗筋脉挛色、两脚疼痛。

（5）铁皮石斛地黄酒

铁皮石斛 90 克，牛膝 30 克，杜仲、丹参各 24 克，生地黄 150 克，黄酒 3 500 毫升。将上药切碎装入纱布袋，放入酒瓶封口泡 7 天，取药液饮服。每日 3 次，每次 30 毫升。具有补肾强筋骨、活血祛湿、利关节、止痛的功能。主治类风湿关节痛。

（6）铁皮石斛丹参当归西洋参酒

铁皮石斛 15 克（鲜 30 克），西洋参 6 克，金樱子 15 克，淫羊藿 9 克，熟地 30 克，杜仲 15 克，炙首乌 15 克，当归 12 克，丹参 15 克，黄芪 30 克，茯苓 15 克，甘草 3 ～ 10 克，白酒 2 000 毫升。浸泡 30 ～ 50 天饮用。

诸药合用滋阴助阳，养血活血，健脾益气，强筋健骨，治病延年益寿。一方治百病，或诸药碾碎粉末冲服或制成蜜丸服用。

（7）铁皮石斛牛膝肉桂酒

牛膝、秦艽、防风、肉桂、独活、丹参、云茯苓各 30 克，杜仲、制附子、铁皮石斛、干姜、麦冬、地骨皮各 25 克，五加皮 50 克，薏仁 15 克，火麻仁 10 克，白酒 1 500 毫升。浸泡 30 天即可饮用。主治腰膝酸痛、阳痿滑精、大便糖稀、腿脚虚肿、关节疼痛等症，温经通络。功效为温肾壮阳、健脾和胃、祛风除湿。

（8）铁皮石斛黄芪人参酒

铁皮石斛 120 克，黄芪（去芦头）、人参（去芦）、防风（去芦）各30克，朱砂（水飞）、杜仲（炒去丝）、牛膝（酒浸）、五味子、白茯苓（去皮）、山茱萸、山药、萆薢各60克，细辛（去苗）30克，天冬（去心）90克，薏仁750克，枸杞750克，生姜90克，白酒5 000毫升。浸泡30天之后即可饮服。功能主治补虚损，主治心脑，中风，下涂腿脚，头面游风。

（9）铁皮石斛、西洋参、首乌、鹿茸酒（丸）

铁皮石斛15克，西洋参6～10克，金樱子15克，淫羊藿10克，熟地10～30克，杜仲15克，炙首乌15克，当归12克，丹参15克，黄芪20克，茯苓15克，甘草3～10克，玛卡10～15克，山药15～20克，青果10克，灵芝12克，鹿茸2克，冬虫夏草10克，枸杞12克，白酒1 500～2 000毫升。浸泡30天即可饮服，或打成粉末，用蜂蜜入丸服用，或打成粉末冲服均可。滋阴助阳，养血活血，健脾益气，强筋壮骨，延年益寿。

（10）铁皮石斛、杜仲、丹参酒

干铁皮石斛25克，生地黄60克，怀牛膝30克，杜仲20克，丹参20克，白酒2 000毫升。浸泡30天即可饮服。治腰酸疼痛、体倦无力、风湿痹等症。补肾强筋骨，除痒，延年益寿。

（11）铁皮石斛黄芪杜仲酒

黄芪、桂心、制附子、山茱萸、铁皮石斛各30克，防风、杜仲各45克，青盐15克，黑豆（炒）60克，白酒1 500毫升，浸泡30天，即可饮用。有益肾健脾、助阳逐寒、理气化瘀功效，治脾肾两衰、阳痿、经血不调、赤白滞下。

（12）铁皮石斛熟地川芎当归酒

铁皮石斛90克，熟地20克，全当归150克，川芎、杜仲、白茯苓各45克，金樱子、淫羊藿各30克，甘草10克，白酒2 500毫升，浸泡30天，即可饮用。有滋阴壮阳、活血通络功效，主治肾虚阳痿、腰膝酸软、面色泛黄、食欲欠佳。

（13）铁皮石斛，细辛独活酒

铁皮石斛6克，白术、细辛各4克，当归24克，防己、独活各5克，白酒1 000毫升。将上药用纱布包好扎紧口，放入酒坛内封口，浸泡7～10天可饮。镇心止惊。用于治疗筋脉季急、两腿痉痛。

（14）圣杰铁皮石斛酒

铁皮石斛120克，黄芪、杜仲、怀山药、枸杞各60克，红参30克，白酒5 000毫升。将上述药物用纱布包好扎紧口，放入酒坛内封口，浸泡7～10天可饮。补虚劳、益气力、利关节、坚筋骨。用于脑血管性痴呆、脾虚气弱、记忆力丧失、不辨东西、不认识家人、步态不稳、气短无力、面色苍白、腰膝酸软的患者。

（15）补气养阴，清热生津酒

西洋参、枸杞、铁皮石斛各适量，浸泡在40°白酒中，一个月后饮服，每次适量。

第十三章

铁皮石斛使用时应注意的事项

①入汤剂时宜先煎煮，后下其他中药，因所含成分难以溶解浸出。干品宜先浸泡透后煎煮 2 小时。

②鲜铁皮石斛清热生津力强，热病伤津者多用之；一般胃虚痿热伤阴者或阴虚口干者可用干品。

③胃肾有虚热者宜用，虚而无火者忌用。喘促肠清者适用铁皮石斛。

④温热病早期阴未伤者，湿热病未化燥者，脾胃虚寒者（胃酸分泌过少）均禁用。

⑤本品能避邪，使邪不外达，故温病不宜早用。

⑥铁皮石斛不能同水石、巴豆、僵蚕、雷丸、茶叶、藜芦、萝卜、绿豆等同服。

⑦铁皮石斛同其他中药配方时，应在医生指导下根据病情加减量进行使用。